Eduard Schneegans

Kreuznach-seine Heilquellen und Umgebungen

Medicinischer Theil, mit den neuesten Erfahrungen, von Dr L. Jung. Flora der

Umgegend, von C. Gutheil, etc.

Eduard Schneegans

Kreuznach-seine Heilquellen und Umgebungen
Medicinischer Theil, mit den neuesten Erfahrungen, von Dr L. Jung. Flora der Umgegend, von C. Gutheil, etc.

ISBN/EAN: 9783337413415

Hergestellt in Europa, USA, Kanada, Australien, Japan

Cover: Foto ©berggeist007 / pixelio.de

Weitere Bücher finden Sie auf **www.hansebooks.com**

Kreuznach,

seine Heilquellen und Umgebungen

von

C. Schneegans,

Verfasser der Chronik Kreuznach's ꝛc.

Medicinischer Theil

mit den neuesten Erfahrungen

von

Dr. Lothar Jung,

Badearzt in Kreuznach.

Flora der Umgegend

von

C. Gutheil,

Apotheker in Crefeld.

Mit einer Ansicht des Kurbrunnens.

Mainz,
Druck und Verlag von Florian Kupferberg.
1862.

Vorwort.

Der Stoff dieses Schriftchens ist zwar schon mehrfach von Anderen bearbeitet; allein keine einzige der bisher erschienenen Arbeiten umfaßt ihn ganz und vollständig; sondern jede derselben fußt vorzugsweise auf dem beliebten Gebiete sei·es der Geschichte, oder der Sage, oder der dichterischen Darstellung in gebundener oder ungebundener Rede, oder endlich der Medicin, und alles Andere wird als Nebensache behandelt oder nur beiläufig erwähnt. So entfaltet sich dem Leser der Darstellung einer Stadt und Umgebung, ebenso ausgezeichnet durch ihre Geschichte, als durch ihre Naturschönheiten und heilkräftigen Quellen, immer nur eine Seite des Gesammtbildes, das doch ein unzertrennliches Ganze ist und als solches auch der Erinnerung vorschwebt. Deßhalb regt sich auch in Jedem, der Kreuznach und seine gesegnete Umgebung nur einmal besucht hat, sofort das Verlangen, diese nach allen Seiten hin kennen zu lernen, und er wird sich nicht mit einer einseitigen oder gar nur nothdürftig zusammengedrängten Darstellung derselben begnügen. Diesem Verlangen wollen wir durch diese Schrift begegnen.

Dabei hat die medicinische Wissenschaft gerade in der neuesten Zeit der Anwendung der Soole in manchen Krankheitsformen wiederum eine neue Seite abgewonnen, und die verschiedenen Erfahrungen, welche hier ein bewährter Badearzt, Dr. Jung in Kreuznach, gibt, haben sie vollständig bestätigt. Endlich ist noch für den Freund der Botanik und ihre zahlreichen Verehrerinnen eine vollständige Flora der interessantesten und wichtigsten Pflanzen in Kreuznach's Umgegend mit ihren Fundorten und in ihrem Gebrauche beigegeben.

Alles Dieß wird die Erscheinung dieses Werkchens gewiß nur willkommen heißen.

Mainz, im Februar 1862.

Der Verfasser.

Inhaltsverzeichniß.

Kreuznach, seine Heilquellen und Umgebungen.

Eingang.

Tausende wallfahrten jetzt jährlich nach Kreuznach, um Heilung zu suchen von körperlichen Leiden, und die mitleidige Najade von Kreuznach's Heilquellen spendet ihnen aus ihrem reichen Born heilkräftigen Wassers Genesung oder doch Linderung von der Pein langen Siechthums. Segnend eine Quelle, der sie ein neues physisches Leben verdanken, kehren die Tausende zu ihrem Heerde zurück; aber wie sollte sie nicht auch in der Erinnerung das großartige und doch liebliche Bild einer Gegend umschweben, die sie während ihres Aufenthaltes so oft mit Entzücken und Bewunderung erfüllt hat, und alljährig andere Tausende zum Beschauen ihrer Reize und zum Besuche ihrer geschichtlichen Denkmäler anlockt! Ja, gibt es einen Boden, merkwürdig durch seine Vorzeit und durch graue Reste verfallener Menschenwerke, schauerlich oft durch seine schwindelnden Felswände und zertrümmerten Burgruinen, die düster und traurig von ihnen herabblicken, anmuthig wiederum durch fruchtbare Felder, reiche Obstgärten und rebengrüne Hügel, an die sich bald bescheidene, bald prächtige Wohnungen von Menschen schmiegen, deren Geschäftigkeit reges und buntes Leben in dies Bild bringt: so ist es gewiß Kreuznach mit seiner herrlichen und denkwürdigen Umgebung!

Und als hätte der Stadt noch eine Blume im Kranze ihrer
mannigfaltigen Vorzüge gefehlt, ließ der gütige Schöpfer aus
dem Schooße ihres Bodens ein Wasser hervorsprudeln, das
er mit der Kraft begabte, der Menschheit schwere Leiden zu
lindern und hartnäckige Gebrechen zu heilen. Dazu gesellte
sich jüngst noch eine andere Kraft des Wassers, von Menschen=
hand bereitet, Kranke und Gesunde rasch wie im Fluge den
reichen Schätzen dieser Gegend zuzuführen und verjüngt an
Körper und Geist der Heimath wieder zu geben: die Kraft
des Dampfes, welche die Tausende auf der Rhein=Nahebahn
von Nord und Süd, von Ost und West zu= und abführt.
Des Stoffes eine so große Fülle, daß ihn in einer Badeschrift
zu bewältigen eine schwere, wenn auch angenehme Beschäfti=
gung scheint. Hat doch der geniale Maler und Dichter
Müller († 1825) selbst unter Italiens ewig heiterem Him=
mel und mitten unter den Kunstschätzen der Weltstadt seine
theure Heimathstadt nicht vergessen können, sondern, von
heißer Sehnsucht nach ihr erfüllt, ihr von dort den begeisterten
Gruß zugeschickt:

„O! daß ich so lange von dir geschwiegen, du meine
geliebte theure Vaterstadt! wo ich geboren ward, zuerst das
Leben, des Seins erstes Gefühl einsog! Wie herrlich schwebst
du mir Flüchtling immer noch vor der Seele, rufst oft mich
zurück aus dem Getümmel lärmender Welt, verfolgst liebreich
mich bis an die prunkvollen Mahle, bis in die Prunkzimmer
der Großen, wirst freundlich mein Tröster in öden, selbst
peinigenden Stunden, wo das Herz lech wird, alle Freude,
alle Liebe zum Leben versiegt. Da träufelst du Balsam in die
Wunde, gießest neue Wonne, neues Leben in mein zerschla=

genes Gebein, gewährst meinem Herzen neue Freuden. Wann
seh' ich dich wieder, Theure! Theure! nicht flüchtig, wie das
gejagte Reh über die Blumenauen; nein, Tage lang dich zu
genießen, dich wieder zu schauen, zu hangen an dir. O liebe,
o süße Erinnerung! Gefühl genossener Freuden! Du trägst
oft die Jugend, auf Flügeln der Engel trägst du sie mir wie=
der herab. Wir gehen von Neuem an die Tage der Kindheit,
des Lebens gülbene Thore öffnen sich wieder, die Sonne steigt
neu empor. Da gaukeln sie herab noch einmal im Schimmer
des Morgens die jugendlichen Stunden, mit ihnen alle die
Zauberphantasien, alle, alle Melodien, alle süße, selige
Träume fassen an mein Herz, hinüberzuckend in jene schönen,
grünen Fluren, durch die spielende Bäche sich schlängeln,
hinüber, wo die Felsen stehen an den Wassern, auf deren
rauhen Schultern Weinreben grünen, wo der bemooste Rau=
zenberg grauköpfig in die Nahe herab lugt, im Wellenspiegel
sich altern sieht."

„Ja! du bist es, schöne, vortreffliche Gegend, die Kummer
verjagen, Freude dem Herzen bringen kann. Sanfter doch
fließet das Leben in dir, freundlicher schweben die Jahre; die
Wolken, sie leuchten und fahren sanfter, wenn sie spielend
der Wind hinträgt an deinen Gebirgen. Ihr Pappeln, Erlen,
Weiden der grün bewachsenen Ufer des lieblichsten Stromes,
an deren Schatten ich zuerst in Jugendinbrunst hing, sich
zuerst mein Herz aufschloß dem Dranggefühl allmächtiger
Natur."

„Ja, vorzüglich vom Himmel geliebt bist du, schöne
Vaterstadt, gesegnet vor tausend anderen Städten! Freude
und Ueberfluß wohnen bei dir; du bist auf Liebe gegründet!

1 *

Der Bauherr, der den ersten Eckstein zu deinem Thore gelegt,
war ein Günstling des Himmels; ihn jagte nicht Vaterfluch,
nicht drückten ihn Wittwen Klagen, und Waisen Thränen
verfolgten ihn nicht. Denn geöffnet von Gott war ihm das
Auge, zu schauen der Lieblichkeit Heimath, zu ruhen am
Herzen der Schönheit."

„Vorzüglich vom Himmel geliebt bist du, schöne Vater=
stadt! Verrath befleckt nicht deine Mauern, Treue und Red=
lichkeit sitzen dir zur Seite; du lehnst dich lächelnd über sie
hin, und aus deinen ernährenden Brüsten springen Ströme
auf deine Kinder herab. Fremde ehren dich, deine Söhne
tragen dich in Gedanken, wo du sie auch hinsendest über Land
und Meer."

„Kreuznach, Geburtsort! Wie selig bist du! Dir nach im
Fluge hebt sich meine Seele; ich sehe dich, vor mir stehst du
jetzt in deiner Feste! Deine bewachsenen Thürme, verfallenen
Mauern steigen neu vor mir empor; ich höre das Rauschen
deines dich theilenden Stromes, das Wehen deiner Winde
vom Berge herüber. O süße Luft! Ach Wolkenstürmer!
Kühner Rheingrafenstein! Ihr Wolken der Nah'! Gesänge
des Hardtwaldes!"

1. Die Landschaft,

worin Kreuznach mit seiner Umgegend sich bettet, gehört
zu den Gebirgsländern Deutschlands. Ein Zweig der Vogesen,
vom Donnersberge fortgesetzt, tritt bei Kreuznach als Hardt
an die Nahe und überschreitet sie auf beiden Seiten. Der
eine Theil, ein Porphyrgebirg, zieht sich auf dem rechten

Nahufer nach den Salinen in niedrigen Hügeln fort, die einen süßen und lieblichen Wein liefern, erhebt sich bei der Theodorshalle als große Gans 972 Fuß über den Meeresspiegel und bildet bei Münster die zackigen Felsmassen des Rheingrafensteins. Der nördliche gegen Kreuznach hin absteigende Abhang heißt der Kuhberg und nach Bosenheim hin der Galgenberg, mit Weinbergen besetzt, die in die fruchtbaren Fluren von Planig abfallen. Der andere Theil der Porphyrmassen auf dem linken Nahufer, von Kreuznach her über den Schloß- oder Kauzenberg bis Münster und Treisen hinaus, erreicht eine Höhe von 1094 Fuß über dem Meere und erhebt sich der Ebernburg gegenüber als Rothenfels noch 596 Fuß senkrecht aus den Ufern der Nahe. Die Fortsetzung der Hardt wird vom Hunsrücken mit dem Soon-, Hoch- und Idarwald gebildet. Vom Schloßberge, der meist aus buntem Sandstein besteht und von geringer Höhe ist, dacht sich nordwärts der Gebirgszug erst zu fruchtbaren Ebenen und rebengrünen Hügeln ab, steigt dann wieder zum Mönchberge (hungriger Wolf), 679 Fuß über dem Meere, und verliert sich von da in die weinreichen Höhen und fruchtbaren Saatfelder von Winzenheim, Heddesheim und Windesheim, hinter welchem der waldige Hunsrücken beginnt. So wechseln steile Gebirge und rebenbesetzte Hügel mit fetten Thälern und saatbringenden Fluren auf mannigfaltige Weise mit einander und bereiten dem Auge oft eine weite und herrliche Aussicht in die schönsten Gegenden Deutschlands. Der Boden dieser ausgedehnten Landschaft besteht meist aus verwittertem rothen Sandstein, mit Thonmergel vermischt, ist nur selten sandig und nirgends von

stehendem Gewässer oder Sümpfen bedeckt. Die Luft ist
durch die Gebirgsnähe kräftig und gesund, die Witterung wie
in allen Berggegenden veränderlich. Gewöhnlich herrschen
wegen der Höhe der Gebirge, welche von Norden nach Süden
streichen, nur Nord= und Südwinde. Unter diesem Klima
gedeihen in der Ebene wie auf den sanftansteigenden Hügeln
alle Getreidearten: Flachs, Hanf, Futterkräuter,
Tabak, Gartengemüse, Kohl, alles Kern= und Steinobst,
selbst Kastanien, Mandeln und Feigen, und in ausgezeich=
neter Güte die Weintrauben. Früchte und Obst sind wohl=
schmeckend und nährend, wenn auch die Reife in den Gebirgs=
lagen sich öfters um 8—14 Tage gegen die ebenen Gewannen
verspätet. Dagegen sind jene durch ihre natürliche Lage
gegen den Strich der kalten Winde und Fröste besser geschützt,
als die Tiefen, und geben daher in der Regel einen größeren
und besseren Ertrag als diese. Der Weinstock, dessen
Grün die steileren Anhöhen und ansteigenden Berge schmückt,
wird gewöhnlich an eichenen und tannenen Pfählen gezogen
und mit außerordentlicher Sorgfalt gepflegt. Er liefert im
Allgemeinen einen süßen und feurigen Wein, der immer mehr
nach Verdienst gewürdigt wird, besonders der vom Schloß=
oder Kauzenberg, Belz, Brückes, Kahlenberg, Kronenberg,
Steinweg, Hofgarten, Hinkelstein, Mönchberg rc. Diesen
edlen Sorten reihen sich die Weine aus den besseren Lagen
von Bosenheim, Bretzenheim, Langenlonsheim, Laubenheim,
Münster bei Bingen und am Stein, Winzenheim, Heddes=
heim, Rorheim, Guttenberg, Norheim und Ebernburg an.
Die waldige Seite dieser Landschaft bietet öfters einen lieb=
lichen Wieswachs dar, welcher der anderen Seite, ehemals

Gauseite genannt, entweder ganz fehlt, oder nur spärlich zu Theil geworden ist. Dagegen hat die Nothwendigkeit des Düngens von Aeckern und Weinbergen einen vermehrten Viehstand, und dieser einen bis zu einer hohen Stufe der Vollkommenheit getriebenen Kleebau auf der Gauseite hervorgerufen. Die kräftigen Waldungen, welche das Gebirge krönen und die Abfälle beschatten, sind meist junge Eichenschläge, welche den ausgedehnten und weithin gerühmten Gerbereien der ganzen Gegend, besonders von Stromberg und Kreuznach, die Lohe zum Betriebe liefern. Dabei schmückt vom Mai bis zum Juli eine so reiche Fülle seltener und durch ihre Farbenpracht ausgezeichneter Pflanzen die Umgegend von Kreuznach, daß auch der Botaniker sich hier eine willkommene Ausbeute versprechen darf. Ebenso haben die für den Eisenbahnbau erforderlichen Sprengungen den Forschungen der Geognosten ein weites Feld geöffnet, und ist die Alterthumskunde durch die Ausgrabungen wieder um manche lang vergrabene oder verschüttete Schätze grauer Vorzeit reicher geworden.

II. Die Stadt Kreuznach,

nach manchem Wechsel der Herrschaft jetzt Kreisstadt im Regierungsbezirke Koblenz, liegt unterm 49. Grade nördlicher Breite und dem 25.—26. Grade östlicher Länge, 286 Fuß über dem Meeresspiegel. Ihre Häuser drängen sich theils um die Fußspitze eines Gebirgszugs, welcher gegen Südwest mit seinem Absatze die schroffen und steilen Höhen der Hardt bildet, theils schmiegen sie sich an zwei Arme der Nahe.

Diese entspringt unfern Tholey im Walde Hommerich, ver-
größert sich bis Kreuznach durch Aufnahme einer Menge von
Bächen und kleinen Flüssen aus den Schluchten der nahen
Gebirge, theilt sich dort in zwei Hälften, welche die Stadt
getrennt durchfließen und in die Alt- und Neustadt scheiden, und ergießt sich nach dreistündigem Laufe von da zwischen dem Scharlach- und Rupertsberge bei Bingen in den
Rhein. Durch die Neustadt fließt noch ein kleineres Flüßchen,
der Ellerbach, welcher die öfters wildschäumenden Gewässer
des Gräfen- und Kaßenbachs vom Soonwalde her der Nahe
zuführt, in seinem gewöhnlichen ruhigen Laufe aber viele
Mühlen treibt und ober- und unterhalb der sogenannten
Zwingerbrücke zum Betriebe ansehnlicher Gerbereien be-
nußt wird. Eine achtbögige steinerne Brücke über die
beiden Arme der Nahe verbindet die Alt- mit der Neustadt;
eine eiserne Eisenbahnbrücke unterhalb der Altstadt
erleichtert zugleich den Verkehr derselben mit dem Bahnhofe
der Station Kreuznach, und mehrere kleinere hölzerne
Brücken setzen von der Badeinsel zum altstädtischen Ufer
über.

In Kreuznach treffen zusammen: die Rheinnahebahn,
welche von der Bingerbrücke über Kreuznach durch das Nahe-
thal führt (siehe Eisenbahnfahrt) und bei Neunkirchen in die
Saarbrücker Bahn mündet, ferner sechs Hauptstraßen: die
Rheinstraße von Mainz und Koblenz über Bingen, die
Hunsrücker von Trier über Simmern und Stromberg,
die Saarbrücker über Kirn und Sobernheim, die Zwei-
brücker über Kaiserslautern und Ebernburg, die Mannheimer über Worms und Alzei, und die Gaustraße durch

ben hessischen Gau von Mainz her. Die Entfernungen der Stadt sind: von Mainz 8 Stunden, von Alzei 5 Stunden, von Worms 10 Stunden, von Mannheim 14 Stunden, von Stromberg 3 Stunden, von Simmern 6 Stunden, von Bingen 3 Stunden, von Koblenz 16 Stunden, von Sobern= heim 4 Stunden, von Kirn 7 Stunden.

Das Innere der Stadt, wenn gleich in letzter Zeit durch Neubauten und gefällige Einrichtungen an den Haupt= straßen vielfach verschönert, bietet doch im Ganzen noch ein alter= thümliches Aussehen dar, erhöht durch die in enge Räume zusammengedrängten Häuser und die meistentheils krummen Straßen. Zu den schöneren Stadttheilen gehören die beiden Marktplätze, der Fruchtmarkt in der Altstadt und der Eier= markt in der Neustadt, die Mannheimer Straße bis zur male= rischen Aussicht von der Brücke herab, die freien Plätze vor dem Binger, Rüdesheimer und Mannheimer Thore, insbe= sondere aber die neue Inselstadt auf dem Badewörth mit der gegenüber liegenden Salinenstraße, welche durch ihre ge= schmackvollen Privathäuser und Hôtels in reizender Lage die Zierde der Badestadt sind. — Unter den einzelnen Ge= bäuden und Etablissements der Stadt fallen am meisten in die Augen: die evangelische Wörthkirche mit ihrem wolkenstürmenden Thurme und geschmacklosen Bau, welcher gegen die nebenstehende englische, auf einem ver= fallenen Chor in gothischem Style renovirte Kirche sonder= bar contrastirt; die gegenüberliegende zweite evange= lische Kirche, deren Bauart nur zu sehr an die spärlichen Mittel erinnert, aus denen sie vor anderthalbhundert Jahren unter confessionellem Druck errichtet wurde; die katholische

Karmeliterkirche zum heil. Nicolaus am Eiermarkt
ohne irgend eine architektonische Schönheit; die katholische
Franziskanerkirche des heil. Wolfgang in der
Altstadt, dessen ehemalige Klosterräume seit 1819 in ein
Gymnasialgebäude umgewandelt sind; die städtischen
Schulhäuser in beiden Stadttheilen, von denen sich jedoch
nur das neustädtische am Holzmarkt durch seine gothische Bau=
art auszeichnet; das städtische Hospital am Gymnasium,
nicht nur für unbemittelte, kranke und arbeitsunfähige Stadt=
bewohner, sondern auch für Leidende weiterhin gegen mäßige
Entschädigung offen; eine israelitische Synagoge in der
Mühlengasse; das Stadthaus am Binger Thore, wo=
rin zugleich Themis die Wage hält; das Casinoge=
bäude eben da, dem geselligen Vergnügen und der Unter=
haltung für die gebildeteren Stadtbewohner und Kurfremden
bestimmt; eine Portefeuille= und Etuisfabrik
(Jung), eine Marmorschleiferei (Schröder) vor dem
Mühlenthore, zwei bedeutende Tabaksfabriken (Gräff
und Wenzel), mehrere wohlassortirte Buchhandlungen
(Schnabel und Voigtländer), diverse Fabriken von
rheinischem Champagner (Beckhardt & S., Geyger
& C., Delasalle & Poly) und eine hübsche Auswahl eleganter
Hôtels. Eine Sammlung historischer Alterthümer
der Umgegend befindet sich im Sahler'schen Hause auf
der Hochstraße; alte Münzsammlungen haben die
Herren George, Antoni, J. Gräff und Major
Schmidt in Besitz; die Mineralogie des Umkreises
ist bei Herrn Oberlehrer Dr. Dellmann vertreten; ein
Conchylienkabinet trifft man bei Herrn H. C. Wein=

knuff. Niemand aber wird das bescheidene und doch so kunstvolle Atelier der Herren Cauer und Söhne ohne Bewunderung der plastischen Arbeiten dieser Meister in ihrem Fache verlassen.

Die fünf Stadtviertel Kreuznach's zählen über 1800 Nummern und sind von fast 10,000 Menschen bewohnt, deren rühriges Leben, besonders an Markttagen, wo die Umgegend zuströmt, weniger dem Pfälzer, dessen natürliche Lebhaftigkeit an dies Treiben gewöhnt ist, als dem Fremden auffällt. Außer ihren vier Wochenmärkten (zwei Gemüse-, einem Frucht- und alle vierzehn Tage einem vielbesuchten Viehmarkte) hat die Stadt jährlich von Sonntag nach Mariä Himmelfahrt an einen dreitägigen Jahrmarkt, welcher eine Viertelstunde von der Stadt in der Nähe des Bahnhofes auf der sogenannten Pfingstwiese unter dem Zuflusse großer Menschenmassen von nah und fern mit einem Frohsinne gefeiert wird, welcher das Fest weit und breit in Ruf gebracht hat. Dann drängt sich Zelt an Zelt und Bude an Bude, und in sonntäglichem Schmucke wallen fröhliche Schaaren durch die lange Straße des neuen hölzernen Stadttheils, während die liebe Jugend bei harmlosen Spielen jubelt und aus den Zelten lustiger Gläserklang oder rauschende Musik erschallt. Am dritten Markttage aber, der ein großer Viehmarkt ist, regiert der Schacher in seiner ganzen Stärke, und Nichts ist Possirlicher, als das Schaustück eines Handels, der, bei jedem Worte Schlag auf Schlag geführt, plötzlich mit einem Zuschlage endigt. — Von der Pfingstwiese ist nur eine kurze Wegestrecke längs der Eisenbahn auf der Binger Chaussee nach der Rothen Lay, von welcher die Stadt, an einem heiteren Sommerabende betrachtet, ein ungleich schöneres Bild barbietet als von Innen. Das Auge schweift stromaufwärts über die rebengrünen Wein= höhen, und vor uns in abendlichem Dufte ruhet die Stadt, mit einem Kranze hoher Pappeln umgeben und vom Kauzen= berg beschattet, auf dessen Rücken zum Gedächtniß Kreuznacher Tapferkeit ein steinerner Löwe trotzig Wache hält. Die bunte Decke der Häuser, welche sich an die kühlende Nahe schmiegen, überragen wolkenanstrebend die bunkelblauen Zinnen der ver= schiedenen Heiligthümer, unter denen der Paulusthurm wie ein Riese hervorragt. Noch kann das Auge südwärts über die malerische Häusergruppe der Badeinsel und ihrer Umgeb= ungen bis zu den bunkeln Schatten bringen, worin die Salinen sich zwischen den mächtigen Felsgebilden der walbigen Harbt und ben bald kegelförmigen, bald zackigen Felsmassen des Rheingrafensteins zu bergen suchen; noch sieht man im Dämmerlichte auf hohem Felsstücke wie eine Säule des Him= mels der Rheingrafen verfallene Burg; noch flimmern in der letzten Beleuchtung der Sonne die höchsten Spitzen der fernen Gebirge wie golbene Luftschlösser: da flackert vor uns ein Licht nach dem anderen auf, und bald schwimmt die ganze Stadt im Schimmer eines Feuermeeres. — Ein Mark durch= schneidender Pfiff zerstört plötzlich das liebliche Spiel der Phantasie; der Zug braust vorüber und mahnt zur Heimkehr nach der Stadt.

III. Die Heilquellen Kreuznach's
(von Dr. Lothar Jung)

umfassen die Mineral- oder Soolquellen der Salinen Münster am Stein, Karls- und Theodorshalle
und der Stadt Kreuznach, haben also von dieser bis
zur Ebernburger Fähre eine Ausdehnung von fast einer
Stunde, und liegen theils an den Ufern, theils im Strom-
bette der Nahe. Es sind im Ganzen zwanzig gefaßte Quellen,
von denen die Mehrzahl zur Kochsalzbereitung benutzt wird.

1. Die Soolquellen der Salinen

sind 1478 aufgefunden und schon bald darauf außer der Salzbereitung zu Bädern gebraucht worden. Denn 1490 schenkte
der Kurfürst Philipp von der Pfalz seinen beiden Köchen,
Konrad Brun und Mathes zu Nevendorf, gegen eine kleine
Abgabe „die Salz- und Badebrunnen zwischen Ebernburg
und Kreuznach," darunter auch „die oberhalb Rheingrafenstein, probiret und gerecht gefunden" urkundlich zu Erb und
Eigenthum. Indessen machten entweder diese von der kurfürstlichen Gabe nicht lange Gebrauch, oder es kümmerten
sich die Rheingrafen wenig um eine Schenkung, die in ihrem
Gebiete lag. Denn 1576 ließ der Rheingraf Friedrich „die
Salzbrunnen obwendig seines Dörfleins Münster für eigenen
Betrieb untersuchen."

2. Die Saline Münster

wurde zuerst 1606 von den grumbachischen Brüdern, den
Rheingrafen Johann und Adolph, gemeinschaftlich in Bau und
Nutzung genommen. Da indessen dem letzteren die darauf

verwandten Kosten zu lästig wurden, so übertrug er 1610
seinem Bruder auch seine Hälfte, unter der Bedingung, daß
dieser die darauf ruhenden Schulden übernehmen und ihm
aus dem Ertrage jährlich 300 Gulden nebst den Vortheilen
der Münze abgeben sollte. Allein auch der Rheingraf Johann
fand seine Rechnung dabei nicht, „da in 60 Stunden aus
einfachem Brunnenwasser nur 7½ Malter Salz und aus
ungefähr 400 Centnern sechspfündigen Kastenwassers nur
11 Malter Salz gewonnen, aber in 7 Tagen und Nächten
10—12½ Waldklafter Holz verbraucht wurden," weßhalb
Rheingraf Adolph auf die jährlichen 300 Gulden verzichtete
und sich mit den rückständigen französischen Dienstgeldern
seines Vaters begnügte. Bei einer Theilung im Jahre 1609
wird das Salzwerk zu Münster wieder unter die Gemeinschaft
der Rheingrafen Leopold Philipp Wilhelm von Grumbach
und Friedrich Wilhelm von Rheingrafenstein gerechnet; aber
1721 begabte der Rheingraf J. K. Ludwig damit zwei Frankfurter Bürger, Christoph Ruprecht und Heinrich Bartels,
welche die Grabirung mit Dornsträuchen einführten und das
Werk ihren Nachkommen vererbten. Diese brachten es in
letzter Zeit durch die tüchtige technische Leitung des Inspectors
Schnödt bis zu einer jährlichen Gewinnung von 7000 Centnern
Salz, fanden es aber doch für vortheilhafter, ihre Saline
käuflich Preußens Regierung zu überlassen, welche nicht nur
die Salzbereitung unter derselben geschickten Oberleitung nach
den neuen wissenschaftlichen Grundsätzen und Erfahrungen
mit Erfolg betreiben läßt, sondern auch die Trink- und Bade-
einrichtung zweckmäßig umgeschaffen und durch eine Station
mit der Eisenbahn verbunden hat.

3. Die Salinen Karls- und Theodorshalle.

Die Karlshalle ist 1732 unter dem Kurfürsten Karl
Philipp von der Pfalz erbaut und anfangs verpachtet, dann
aber von der kurfürstlichen Hoffammer selbst betrieben worden.
Die Theodorshalle, 1743 unter dem Kurfürsten Karl
Theodor erbaut, wurde gleichfalls einer Gesellschaft gegen
den Zehnten des Ertrags mit der Bedingung überlassen, daß
nach vierzigjähriger Nutznießung alle auf Kosten der Pächter
angelegte Gebäulichkeiten unentgeltlich dem Landesherrn
anheimfallen sollten. Als daher jener Vertrag 1783 zu Ende
ging, nahm Kurpfalz von der Theodorshalle Besitz, ver=
pachtete sie aber mit der Karlshalle an eine andere Gesell=
schaft, welche die Werke mit vielem Vortheile betrieb, bis
Napoleon I. dieselben 1808 seiner Schwester, der Prinzessin
Borghese, schenkte. Nach dem Pariser Frieden kam der
Großherzog von Hessen in ihren Besitz; die Landeshoheit über
das Gebiet aber, dessen Gemeinde zu Kreuznach gehört, er=
hielt Preußen.

Die 11 Gradirhäuser beider Salinen beschäftigten bis in
die neuere Zeit 80 Personen, welche jährlich bei einem Ver=
brauche von circa 3000 Klaftern Holz, außer den Steinkohlen,
aus 10 Millionen Kubikfuß Soole etwa 25000 Centner
(à 108 ℔) Salz bereiteten. Die Soole, nur stark eingrabig,
ist schon 1817 besonders gegen scrophulöse Krankheiten ange=
wandt worden und erfreut sich seitdem durch ihre Wirkungen
mit den übrigen Mineralquellen Kreuznach's eines stets
wachsenden Rufes; ja die romantische Lage des Kurgartens,
die ringsum herrschende ländliche Stille, die vielen schattigen
Spaziergänge, wozu namentlich das Salinenwäldchen der

Theodorshalle einladet, und die wohlthätige Einwirkung der Verdunstungen der Grabirwerke auf die Athmungswerkzeuge locken, zumal bei heißem Sommer, viele Kurgäste in die dort zur Aufnahme zugerichteten Privathäuser.

4. Die Sool- oder Mineralquellen der Stadt Kreuznach

sind erst seit drei Decennien aufgefunden worden. Nachdem 1828 durch die städtische Behörde eine Soolquelle im Fluß= bette der Nahe aufgedeckt und dem Strom wieder überlassen worden war, fand 1832 der Wörthbesitzer Wilhelmi auf der Spitze der Naheinsel die nach Preußens verwittweter Königin benannte Elisabethquelle. Eine Actiengesellschaft kaufte sie ihm 1834 mit seinem Eigenthum ab, ließ sie mit der anderen, im Nahebett aufgedeckten Quelle von kunstgerechter Hand sorgfältig fassen und die Anlagen des Wörthes in angenehme Promenaden umwandeln. An ihrem Eingange wurde dann das jetzige Kurhaus erbaut, nicht prunkvoll wie andere, an deren marmornen Fußböden und Spiegelwänden der Angst= und Todesschweiß unglücklicher Spieler klebt, sondern einfach und zweckmäßig zum Gebrauche für Bäder, Fremdenwohnungen, gesellige und geistige Unter= haltung eingerichtet. Während die Nahequelle ausschließlich zur Speisung der Bäder des Kurhauses benutzt wird, dient die Elisabeth= oder Elisenquelle nur zum inneren Gebrauche. Ein Balcon über dieser gewährt dem Auge eine schöne Ueber= sicht der neuen eleganten Gebäude für Kurfremde auf der rechten Naheseite und läßt es über die Stromfläche in das Salinenthal mit seinen langgestreckten Grabirhäusern gleiten, die sich zwischen den Abfällen der Hardt und den jähen

Porphyrwänden des Rheingrafensteins vor den Stürmen aus
Ost und West zu schützen suchen. Zum Kurhause führt von
der Steinbrücke herab eine neue Straße durch eine Reihe mit
Balcons gezierter Prachtgebäude, welche die Inselstadt bilden;
eine andere, hölzerne Brücke, dem Kurhause gegenüber,
leitet über den rechten Naharm und stromaufwärts am Ufer
hin und am Oranienhof vorbei auf einer anmuthigen Promenade von 10—15 Minuten nach den Mineralquellen der
Salinen.

Den genannten beiden Quellen reiht sich gegenüber beim
Oranienhof die Oranienquelle an, und endlich hat ganz
in neuester Zeit auf der Badeinsel der Besitzer des Hôtels de
France, P. Risky, in seinem Hofraume eine neue Quelle
aufgefunden, die eben einer chemischen Analyse durch den
Medizinalrath Mohr in Koblenz unterliegt und ein sehr
günstiges Resultat verspricht.

Die öffentliche Aufmerksamkeit und das Vertrauen frem-
der Aerzte auf die Kreuznacher Mineralquellen und ihre
außerordentliche Arzneikraft ist zuerst durch den Geh. Medi-
cinalrath Dr. Prieger und vielfach bekannt gewordene glückliche Kuren hervorgerufen worden; aber erst als nach und
nach mehrere tüchtige Aerzte mit ihren wissenschaftlichen Arbeiten und Erfahrungen über das Bad hervortraten, als die
heilkräftige Wirkung desselben auf das ganze Haut-, Lymph-
und Drüsensystem sich durch eine Menge der überraschendsten
Kuren in den schwierigsten Krankheitsfällen bewährt hatte,
gewannen die Heilquellen Kreuznachs einen europäischen und
selbst überseeischen Ruf, so daß die Zahl der Kurfremden aus
allen Ländern und Erdtheilen bereits über 6000 beträgt.

5. Die physikalische Beschaffenheit der Kreuznacher Mineralquellen

zeigt eine um so größere Verschiedenheit von einander, je geringer ihre chemische ist. Dies ist namentlich der Fall bei ihrer Temperatur. Denn diese richtet sich nicht, wie man glauben sollte, nach der Tiefe des jedesmaligen Bohrloches, sondern muß einen anderen Grund haben. So hat der Hauptbrunnen der Theodorshalle bei einer Tiefe des Bohrloches von 600' nur 19° R., während der Hauptbrunnen der Saline Münster bei einer Tiefe von nur 105' 24° R. anzeigt. Aehnlich verhält es sich mit den übrigen Quellen. So hat die Elisenquelle bei 46' Tiefe 10° R. und die Quelle im Nahebett bei 70' Tiefe nur 8° R. Obgleich die meisten Quellen in unmittelbarer Nähe des Flußbettes liegen, so haben genaue Ermittelungen doch ergeben, daß der jedesmalige Stand des Flußwassers keinen Einfluß auf dieselben ausübt. Das Aussehen des Mineralwassers ist durchsichtig und klar, wenn auch nicht ganz farblos. Wird es der Luft ausgesetzt, so sieht man alsbald kleine Gasbläschen sich nach der Oberfläche bewegen und bei ihrem Aufsteigen die Flüssigkeit sich trüben. Darin schwimmen nun bräunliche Flocken herum, die sich bald auf den Boden des Gefäßes niederschlagen. Nach Beendigung dieses Prozesses wird die Flüssigkeit zwar wieder heller, gelangt aber nicht wieder zu ihrer ursprünglichen Klarheit. Der Geschmack des eben der Quelle entnommenen Mineralwassers ist vorschlagend salzig mit einem Beigeschmack von bitter. Macht dasselbe einen größeren Umweg durch hölzerne Röhren, wie dies auf den Salinen der Fall ist, so schmeckt es auch etwas bituminös. Der Geruch des Mineralwassers endlich, besonders da, wo größere Massen verdunsten, wie dies an den Grabirwerken der Fall ist, hat Aehnlichkeit mit dem an der Seeküste, woraus man auf Bestandtheile ähnlich denen des Meerwassers geschlossen hat.

6. Chemische Bestandtheile der Kreuznacher Mineralquellen.

Um die große Heilkraft unserer Quellen zu constatiren und ihre Nutzbarkeit möglichst auszudehnen, wurde ihr Mineralwasser schon 1825 einer chemischen Analyse unterworfen und seitdem wiederholt von namhaften Chemikern untersucht. Auf Mettenheimer, Düring, Kästinari folgten v. Osann, Löwig, Bauer, Liebig, Riekher, Polstorf und Mohr. Die drei ersteren können wir füglich übergehen; denn so schätzbar auch sonst ihre Untersuchung sein mag, über einen Hauptfactor unserer Quellen, das Brom, konnten sie keinen Aufschluß geben, vielmehr war die Entdeckung desselben in unserem Mineralwasser erst späterer Zeit vorbehalten. Hier wird es genügen, nur die Analysen anzuführen, für deren Zuverlässigkeit die Namen bewährter Chemiker der neueren Zeit bürgen.

So fanden die Chemiker	Mohr in der Münsterquelle	Liebig in der Oranienquelle	Bauer in der Elisenquelle
	Gran	Gran	Gran
Chlornatrium	60,998	108,705	72,922
Chlorcalcium	11,083	22,749	13,276
Chlormagnesium . .	0,471	—	0,251
Chlorkalium	1,342	0,460	—
Latus	73,894	131,914	86,449

So fanden die Chemiker	Mohr in der Münsterquelle	Liebig in der Oranienquelle	Bauer in der Elisenquelle
	Gran	Gran	Gran
Transport . . .	73,894	131,914	86,449
Chlorlithium	—	unwägbar	0,971
Brommagnesium . .	—	1,780	—
Bromnatrium	0,663	—	0,307
Jodmagnesium . . .	—	0,012	—
Jodnatrium	0,001	—	0,0032
Kohlensaurer Kalk .	1,123	0,255	—
Baryt	—	—	0,299
Magnesia	—	1,130	1,351
Strontian	—	—	0,683
Eisenoxydul	1,034	0,356	0,199
Manganoxydul . . .	—	—	0,009
Kieselerde	0,007	0,999	0,313
Phosphors. Thonerde	—	0,095	—
Reine Thonerde . .	—	unwägbar	0,021
Summme der festen Bestandtheile	76,722	136,541	90,6052

Bei mehreren Quellen sowohl in Münster wie auf der Karls- und Theodorshalle sieht man dem Bohrloche Kohlenwasserstoffgas entströmen, dessen Quantität aber meines Wissens bis jetzt noch nicht ermittelt worden ist. Nur die Menge freier Kohlensäure, die der Münsterer Quelle entweicht, wurde von Mohr bei einem normalen Barometerstande mit 0 Grad R. berechnet und auf 20,9 Volumen Procente bestimmt.

Bei der technischen Abdampfung des gradirten Sool=
wassers zum Kochsalze bleibt nach Entfernung der Salzkrystalle
ein flüssiger Rückstand übrig, welcher Mutterlauge
heißt und als Zusatz zur Verstärkung der Bäder benutzt wird.

7. Physikalische Beschaffenheit und chemische Bestandtheile der Mutterlauge.

Es ist diese eine klare gelbbraune Flüssigkeit von
Oelconsistenz mit eigenthümlichem Geruch und von
herbem, bittersalzigem Geschmack, welche beim Umschütten sehr
stark schäumt. Wir besitzen darüber zwei schätzbare Ana=
lysen, die eine von Mohr, die andere von Polstorf, welche
zwar nicht ganz übereinstimmen, aber ihren abweichenden
Grund wohl nur in dem verschiedenen specifischen Gewichte
der untersuchten Lauge haben. Es fand:

Salze	Mohr in 1 ℔ von 1,335 spez. Gewicht.	Polstorf in 1 ℔ von 1,313 spez. Gewicht.
	Gran	Gran
Chlorkalium	130,867	168,51
Chlornatrium	122,265	226,37
Chlorlithium	Spuren	7,95
Chlorcalcium	2014,080	1789,97
Chlormagnesium . . .	287,539	230,81
Chloraluminium . . .	—	1,56
Bromnatrium	65,9712	59,14
Jodnatrium	nicht bestimmte Quantität	0,05
Eisenchlorid		
Manganchloryr . . .		Spuren
Phosphorsäure . . .		
Summe der Salze . . .	2620,7222	2484,16

Wird die Mutterlauge nochmals um ⅓ ihres Gewichtes abgedampft, so erhält man bei ihrem Erkalten eine feste krystallinische Masse, die eingedickte Mutterlauge, das Mutterlaugensalz, welches sich zum Verschicken besser eignet, als die flüssige Mutterlauge. Daraus geht zugleich hervor, daß man zur Herstellung der letzteren nur des Ge= wichtszusatzes des verdampften Drittels an Wasser bedarf, um sich jederzeit flüssige Lauge zu verschaffen. Da aber die Krystallisationspunkte der einzelnen Salze sehr verschieden sind, so muß vor dem Gebrauche zu Zusätzen die ganze Masse wieder in flüssigen Zustand versetzt werden, wenn anders das Präparat ein constantes sein soll.

8. Wirkung des Kreuznacher Mineralwassers.

Diese bedingt sich durch die verschiedene Art und Weise der Anwendung, sei es innerlich durch Trinken, oder äußerlich durch Baden, Umschläge, Bähungen, Ein= spritzungen ꝛc., oder durch beides zugleich.

Wirkung des Trinkens.

Ausgezeichnet vor anderen Soolwassern durch das eigen= thümliche Verhältniß des Kochsalzes zu seinen übrigen Be= standtheilen und durch sein Freisein von schwefelsauern Salzen, wodurch in der Regel Soolwasser unverdaulich werden, ist der Kreuznacher Brunnen ganz besonders zum inneren Ge= brauche geeignet. Ebenso erfreulich für den Arzt wie für den Patienten ist es daher zu sehen, wie nach dem Beginne einer zweckmäßig eingeleiteten Kur alsbald die Verdauung sich bessert, die Zunge sich reinigt, der Appetit sich steigert und das Aussehen im Allgemeinen sich bessert. Zwar ist der bitterlich salzige Geschmack des Wassers im Beginne der Kur unseren Kranken keineswegs angenehm, aber bald finden diese ihn weniger lästig und gewöhnen sich allmälig so daran, daß sie es bei dem Gefühle täglicher Besserung mit wahrer Lust trinken. Wenn es bei Kindern oft großer Ueberredung und mancherlei Zusätze bedarf, um es ihnen beizubringen, so habe ich doch auch scrophulöse Kinder behandelt, die 36 Unzen getrunken hätten, wenn ich sie nicht davon abgehalten hätte. Indessen stellen sich dem Arzte manche andere Vorurtheile der Patienten beim inneren Gebrauche unserer Quellen entgegen. Denn zeigen sich diese auch in ihren Bestandtheilen stets constant, so scheinen sie doch einen variirenden Salzgeschmack zu haben, welcher alsdann mehr auf die Quelle, als auf das Geschmacksorgan, die Zunge, zurückgeführt wird, während ein geringer Beleg der letzteren schon im Stande ist, den Geschmack des Salzes zu mindern. Ein anderes Vorurtheil besteht darin, daß unsere Kranken nur im vermehrten Stuhle eine Wirkung des Mineralwassers erkennen wollen. Allein wenngleich diese am meisten in die Augen springt, so ist sie, gerade wenn sie in höherem Grade auftritt, dem Heilzwecke entgegengesetzt und offenbar nachtheilig. Soll unser Mineralwasser wohlthätig wirken, so muß es in die Säftemasse aufgenommen werden, was bei einer bloß oberflächlichen Berührung des Darmkanals mit Erzeugung von nur wässerigen Stühlen gewiß nicht möglich ist. Es ist daher von besonderer Wichtigkeit, nur in kleinen Quantitäten und in größeren Pausen den Brunnen trinken zu lassen; denn nur so gelingt es uns, die wohlthätigen,

unſeren Quellen eigenen Wirkungen hervorzurufen, die ſich
dann zugleich in vermehrten Urinausſcheidungen kund geben.

Wirkung des Trinkens mit Molkenzuſätzen.

Eine weſentliche Bereicherung erhielt unſer Kurverhältniß
durch eine ſeit einigen Jahren hier etablirte Molkenbereitungs=
anſtalt. In jedem Sommer erſcheint nämlich hier ein
Schweizer aus Appenzell mit einer Heerde Geiſen, um vor=
ſchriftsmäßig Molken zu bereiten und ſie heiß an den Quellen
zu vertheilen. Mag unſere Quelle noch ſo mild ſein, ſo habe
ich doch hier Männer kennen gelernt, die, an kaltes Waſſer
des Morgens nie gewöhnt, ſelbſt von wenigen Unzen eine
Unbehaglichkeit im Magen verſpürten und Durchfälle bekamen,
bis, wie dieſes früher geſchah, entweder dem Waſſer eine
höhere Temperatur gegeben, oder daſſelbe durch Zuſätze von
heißer Milch erwärmt wurde, worauf das nöthige Quantum
ohne ſtörende Nebenwirkung vertragen wurde. Fügen wir
hinzu, daß das größere Contingent der hier Hülfeſuchenden
aus Kindern, jungen Mädchen und jungen Leuten beſteht,
die weder gewöhnt ſind, früh mit nüchternem Magen ſpazieren
zu gehen, noch kaltes Waſſer zu trinken, beſonders an Mor=
gen, an denen es bisweilen kühl iſt, ſo wird man ſich leicht
erklären, daß ein Waſſer mit nur 9° R. Wärme den jugend=
lichen Magen nicht angenehm berühre. In ſolchen Fällen
verordnen wir nun anſtatt der früheren Zuſätze von heißer
Milch das weit beſſere Hülfsmittel der Molken. Sie helfen
den Stoffwechſel in mäßiger Weiſe beſchleunigen, und
ſind bei zarten Conſtitutionen, wobei ſich vorzugsweiſe eine
reizbare Schwäche des Nervenſyſtems zeigt, von nicht zu

berechnendem Vortheil. Besonders muß ich hervorheben, wie
höchst wohlthätig unsere Quellen in Verbindung mit Molken
da wirken, wo in Folge scrophulöser Reizung bei oft blühen=
den Mädchen in den Entwickelungsjahren chronische Katarrhe
eingetreten sind, welche das Schlimmste befürchten lassen.
Höchst erfreulich ist es da, einen oft schon viele Monate be=
standenen Husten hier schwinden zu sehen. Während wir
früher solche Kranke sofort veranlaßten, anderwärts Hülfe
zu suchen, können wir nun da, wo nach einer genauen Unter=
suchung Ablagerungen in dem Lungengewebe noch nicht erfolgt
sind, auch hier Heilung versprechen.

Wirkung der Einathmungen.

Jeder, der in die Nähe der Gradirwerke kommt, fühlt
sich durch die daselbst vorherrschende Atmosphäre höchst ange=
nehm berührt und unwillkürlich gedrungen, tiefer aufzuathmen.
Insbesondere empfindet der Kranke, welcher an vermehrter
Schleimabsonderung leidet, dessen Schleimhaut der Luftröhre
und ihrer Aeste scrophulös ergriffen ist, alsbald den wohl=
thuenden Einfluß dieser Luft nicht nur durch Abnahme seines
Hustens, sondern auch durch leichteren Auswurf und Ver=
minderung seiner Athmungsnoth. Bei Neigung zu scrophu=
löser Ablagerung in das Lungengewebe kann hier noch Hülfe
ermöglicht werden, jedoch weniger, wo solche Ablagerung
schon erfolgt ist, oder gar eine Erweichung derselben einge=
treten ist. Offenbarer Nachtheil wird aber da herbeigeführt,
wo die Schleimhaut der Luftwege entzündlich gereizt ist, oder
vermehrter Blutandrang nach der Brust stattfindet, oder gar
der Kranke an Blutungen leidet. Wie wohlthätig indessen in

den anderen Fällen das Einathmen der von den Bestandtheilen
unserer Mineralquellen geschwängerten Luft ist, welche ohne
die geringste Belästigung in den Körper aufgenommen werden,
so kann es doch auch da, wo es angezeigt ist, nur dazu dienen,
die Wirkung der Brunnen = und Badecur zu unterstützen.

Wirkung der Bäder.

Das einfache lauwarme Soolbad wirkt auf das
Allgemeingefühl höchst angenehm und behaglich. Ist der erste
Eindruck des schwereren, den Körper umgebenden Mediums
vorüber, welcher uns in den ersten Momenten die Brust
etwas beengt und zu tieferen Einathmungen drängt, so fühlt
man sich sofort ganz leicht. Ist aber die Temperatur des
Bades dem Körper nicht ganz entsprechend, wird dasselbe ent=
weder zu warm oder zu kalt genommen, dann stellen sich Er=
scheinungen ein, wie sie auch das gewöhnliche Wasserbad in
solchen Fällen mit sich bringt, im ersten Falle Congestionen
nach Brust und Kopf, übermäßige Schweiße 2c., im anderen,
welcher dem Körper Wärme entzieht, Frösteln, Schauer 2c.
Beides kann weder des Arztes Absicht noch des Kranken
Wunsch sein und würde große Nachtheile mit sich führen.
Nun steht durch die Erfahrung hinreichend fest, daß die wohl=
thätige Wirkung unserer Bäder sich am reichsten dann ent=
faltet, wann sie in lauer Temperatur genommen werden,
die freilich nach der Empfindlichkeit des Badenden wieder ver=
schieden ist. Als laue Temperatur nimmt man 24—28° R.
an, wiewohl es Personen gibt, die nach enttäuschten Kalt=
wasserkuren hierherkommen und sich bei einer Temperatur
von 20$\frac{1}{2}$° R. und darunter ganz behaglich fühlen, wogegen

andere bei 27° R. noch frieren und erst bei einer Temperatur
von 30° R. das Behaglichkeitsgefühl theilen. Im Allgemeinen
ist es rathsam, so viel als möglich dem Gefühle des kranken
Körpers die Temperatur anzupassen und denselben allmälig
an eine kühlere Temperatur zu gewöhnen. Von einer direct
stärkenden Wirkung unserer Bäder kann indessen eben so
wenig die Rede sein, als von einer schwächenden; es erfolgt
vielmehr die Stärkung und Genesung nur allmälig dadurch,
daß sie den Stoffwechsel verbessern, und dies geschieht nur bei
l a u warmen Bädern, da z u warme Bäder ebenso erschlaffen,
wie Luftbäder bei zu hohem Temperaturgrade.

Gleich behagliche Gefühlseindrücke verursachen unsere
Bäder da noch, wo nur geringe und dem Krankheitsfalle ent-
sprechende Zusätze von Mutterlauge gemacht werden.
Auch hier zeigen sich bald schon nach den ersten Bädern vermehrte Urinausscheidungen, während die unsern Mineral-
bädern eigenthümlichen Wirkungen erst nach einer großen Anzahl von Bädern einzutreten pflegen. Diese Wirkungen derselben treten bei der Haut speciell dadurch hervor, daß
eine pergamentartige Haut allmälig zu ihrer normalen Be-
schaffenheit zurückkehrt, die Epidermiszellen sich abschuppen,
die Haut das Trockene verliert und geschmeidiger wird, und
lang entbehrte Schweiße wiederkehren; daß scrophulöse und
herpetische Hautgeschwüre sich reinigen und ein frischeres Ansehen gewinnen; daß endlich Drüsen, welche unbeweglich
unter der Haut liegen, verschiebbarer werden, sich in kleinere
Partikelchen theilen und so zum allmäligen und gänzlichen
Verschwinden vorbereiten. Im Ganzen aber wird durch
die Badecur ein Streben des Körpers angeregt, krankhafte

Stoffe auszuscheiden, sei es, daß diese sich noch verflüssigt im
Blute befinden, oder sich bereits in einzelnen Organen abge=
lagert haben. So sehen wir die Thätigkeit der Ausscheidungs=
organe durch vermehrten Harn und Stuhl angeregt, so die
Functionen der Haut neu belebt. Waren unterdrückte Haut=
ausschläge die Ursache zur Erkrankung, so kehren sie wieder;
es bilden sich vesiculöse und pustulöse Ausschläge und häufig
selbst Forunkeln. Bei diesen letzteren muß man besonders
vorsichtig mit der Anwendung der Mutterlauge sein, die über=
haupt bei einer Disposition zu Forunkelbildung nur höchst
spärlich, besser gar nicht verordnet wird; ja oft ist es, um
den unleidlichen Schmerz nur einigermaßen ertragen zu
können, nothwendig, den Bädern süßes Wasser oder
schleimige Abkochungen zufügen zu lassen; auch Zusätze von
gereinigter Potasche habe ich dabei besonders wohlthätig ge=
funden. Gleiche Vorsicht erheischen Ausschlagsformen mit
erhöhter Reizbarkeit.

Wirkung der Bäder mit Zusätzen von Mutterlauge.

Ist es unläugbar, daß wir in der Mutterlauge ein un=
schätzbares Mittel zur Verstärkung unserer Bäder besitzen, so
ist doch auch nicht in Abrede zu stellen, daß in früheren
Jahren zu wenig berücksichtigt wurde, was eigentlich damit
erreicht werden sollte, und daß Massen verbraucht wurden,
die bei einer Frequenz von 6000 Kurfremden, wie in diesem
Jahre, gar nicht zu beschaffen gewesen wären. Unerklärlich
bleibt es, wie oft Damen mit dem zartesten Hautsystem unge=
straft massenhafte Zusätze von Mutterlauge im Bade ertragen
konnten. Bei der großen Mehrzahl aber macht sich der Miß=

brauch derselben durch ein ganzes Heer von nachtheiligen Er=
scheinungen bemerkbar. Zunächst entsteht dabei ein brennen=
des Gefühl in der Haut, dem alsbald ein Ausbruch von
Knöllchen oder Bläschen folgt, die bei fortgesetztem Gebrauche
an Zahl und Ausdehnung zunehmen; der Herzschlag wird
vermehrt, der Schlaf vermindert und selbst vollständige
Schlaflosigkeit tritt ein; zugleich zeigt sich ein Zittern, wie
dieses bei starkem Mercurgebrauch wahrgenommen wird, und
eine in solchem Grade erhöhte Reizbarkeit, daß das geringste
Geräusch ein ungewöhnliches Zusammenschrecken veranlaßt.
In welchem Grade reizend die Mutterlauge auf die Haut
wirkt, geht schon daraus hervor, daß es uns durch Um=
schläge mit derselben nicht nur gelingt, einen Blasenaus=
schlag auf der Haut zu erzeugen, sondern auch schlecht ver=
heilte scrophulöse Narben zum Wiederaufbruche zu bringen,
so daß wir im Stande sind, eine bessere Vernarbung zu
erzielen. Ist dagegen die Reizbarkeit der Haut vermindert,
so daß es sich darum handelt, sie zu steigern; sind die
Functionen gestört; ist die Epidermis verdickt, und schuppt
sie sich krankhaft ab: dann werden größere Zusätze von
Mutterlauge die Wirkung unserer Mineralbäder wesentlich
unterstützen.

Erst der neueren Zeit gehört das Verdienst, die Anwend=
ung der Mutterlauge auf ihr richtiges Maß geführt zu haben.

Unser Mineralwasser wird endlich äußerlich noch ange=
wandt als:

Dusche.

Es ist diese ein nicht zu unterschätzendes Mittel, die
Wirkung unserer Bäder zu unterstützen, wo es sich darum

handelt, lange bestehende scrophulöse Drüsenanschwellungen in atonischen Subjecten zum endlichen Schmelzen zu bewegen.

Bähungen.

Diese werden bei scrophulösen Augenentzündungen nur mit einfacher Soole mit Vortheil verordnet.

Einspritzungen.

Es sind diese besonders da an ihrem Platze, wo man direct auf die erkrankte Schleimhaut wirken, oder in deren Nähe befindliche Anschwellungen beseitigen will.

Umschläge und Kataplasmen.

Eines der wichtigsten Unterstützungsmittel zur Beseitigung selbst umfangreicher Geschwülste sind lauwarme Umschläge und Kataplasmen, die aber, wenn sie als örtliches Bad wirken sollen, während der Zeit ihrer Anwendung feucht und lauwarm gehalten werden müssen. Man bedient sich dazu am besten des Badewassers, dem schon einige Mutterlauge zugesetzt ist und nach Bedürfniß noch mehr zugesetzt werden kann. Die Wirkung solcher Umschläge ist eine der eingreifendsten, die wir kennen. Denn hier sehen wir alsbald, je nach der Empfindlichkeit der Haut, solche Erscheinungen auftreten, wie wir sie nur durch allgemeine Bäder mit großen Quantitäten Mutterlauge erzielen können. Die Haut an diesen Stellen röthet sich, gewinnt an vermehrter Wärme, brennt, und bei weiterem Gebrauche schießen kleine Bläschen auf, die bald die Größe von Pusteln erreichen. In wenigen Fällen ist es nöthig, so weit damit vorzugehen; ja meistens ist es besser, schon früher das Quantum der Mutterlauge zu

vermindern, oder dieselbe ganz wegzulassen, worauf sich als=
bald sämmtliche Erscheinungen zurückbilden, ohne die beab=
sichtigte Wirkung zu beschränken.

9. Krisen

sind zur glücklichen Entfaltung der eigenthümlichen Wirkung
unserer Mineralquellen nicht erforderlich; dieselbe erfolgt
vielmehr nach einer zweckmäßig geleiteten Kur auch ohne jede
kritische Erscheinung. Die Ausschlagsformen, welche nach
längerem Gebrauche mit Mutterlauge verstärkter Bäder oder
längere Zeit hindurch angewandter Umschläge sich auf der
Haut zeigen, haben in der Regel dieselbe kritische Bedeutung,
welche die Blase eines angewandten Blasenpflasters hat.
Anders verhält es sich freilich da, wo bei geringen Zusätzen
von Mutterlauge oder bei täglicher Quantumsverminderung
derselben unterdrückte Flechtenausschläge wieder zum Vor=
schein kommen. Diesen allein ist eine kritische Bedeutung
nicht abzusprechen, zumal wenn dadurch ein wichtiges Leiden
seiner Heilung entgegengeführt wird. Was die blauen Flecken,
ähnlich der Werthof'schen Krankheit betrifft, so fragt es sich,
ob diese nicht schon vor dem Kurgebrauche vorhanden waren,
zumal da sie oft wegen ihrer Schmerzlosigkeit von den Kranken
selbst nicht wahrgenommen werden. In diesem Falle ist unser
Kurgebrauch gewiß nachtheilig, wie ich das noch in diesem
Jahre wahrgenommen habe, wo gegen ärztliche Vorschrift
Bäder genommen wurden, welche diese Flecken nicht nur ver=
größerten, sondern zugleich auch im höchsten Grade schmerz=
haft machten. Endlich treten auch wohl starke Fieberbeweg=
ungen, gestörte Verdauung, belegte Zunge, Eingenommen=

heit des Kopfes, Herzklopfen, Schlaflosigkeit, Zittern ꝛc. ein;
allein wenn die letzteren Erscheinungen weniger eine kritische,
als vielmehr die Bedeutung haben, daß mit dem Quantum
der Mutterlauge zu weit vorgeschritten wurde, so muß zu den
ersteren bemerkt werden, daß bei der erhöhten Reizbarkeit der
Haut so wie der Schleimhaut so wohl eine kleine Erkältung
schon ein Rothlaufsieber zu erzeugen im Stande ist, wie auch
ein geringer Diätfehler einen Gastricismus herbeiführen kann.

10. Indication zum Kreuznacher Kurgebrauch.

Was nun endlich die Wirkungssphäre unserer
Mineralquellen betrifft, so ist dieselbe durch das bereits An-
geführte schon angedeutet. Doch kann es nicht unsere Absicht
sein, hier alle diejenigen Krankheiten namentlich aufzuzählen,
welche unsere Najade heilt. Es möge daher genügen, im
Allgemeinen zu bemerken, daß bei der vorwaltenden Wirkung
der in unseren Mineralquellen enthaltenen Arznei-
stoffe, und besonders der drei in ihren eigenthümlichen Verbindungen vorkommenden Salzbilder (Brom, Jod und Chlor)
auf das gesammte Lymphgefäßsystem mit seinen Drüsen, und
bei ihrer Befähigung, die Thätigkeit derselben anzuregen und
den verzögerten Stoffwechsel zu beschleunigen, dieselben vorzugsweise und am segensreichsten da ihre Heilkraft entfalten
werden, wo die Thätigkeit dieses Systems durch chronische
Krankheiten eine mangelhafte geworden ist. Hieraus geht zugleich zur Genüge hervor, daß außer dem großen Heer scrophulöser Affectionen und solcher Krankheiten, die eine schwer-
lösliche Verbindung damit eingegangen haben, auch die
meisten krankhaften Ausgänge chronischer Entzündungen in

ihren Bereich fallen. Es sagt daher Vetter in seinem Be= richte über die Kreuznacher Mineralquellen treffend:

„.. Wenn die tief eingreifende Wirkung der salinischen und johhaltigen Laugen und Soolen auf alle lymphatische und einen Theil venöser Krankheiten schon im Allgemeinen außer Zweifel ist, so läßt sich von der kräftigen Mischung Kreuz= nach's wohl vorzugsweise eine Heilkraft erwarten, die sich selbst über sehr isolirte, aus diesen Diathesen hervorgegan= gene Entartungen hin erstreckt. Indem also bei Drüfenver= härtungen, Geschwüren und herpetischen Formen, Knochen= auftreibungen und Erweichungen, Tuberkelablagerungen in einzelnen Organen die Berücksichtigung des allgemein ursäch= lichen Moments den wissenschaftlich = praktischen Erfahrungen der Behandelnden obliegt, können dieselben überall, wo die scrophulöse Diathese als Hauptmoment der Erscheinungen zum Grunde liegt, oder wenigstens ein inniger Zusammenhang zwischen beiden obwaltet, von Kreuznach ganz vorzugsweise die Beseitigung der örtlichsten und inveterirtesten Formen dieser Art erwarten 2c."

Nicht weniger rühmlich spricht sich einer unserer bewähr= testen Praktiker, Hofrath Kopp, in seinen Denkwürdigkeiten über Kreuznach aus:

1. Scropheln in allen Formen, auch Rachitis.

   Ich kann hiergegen die Kreuznacher Quellen als eins der ersten und vorzüglichsten Mittel empfehlen und sah unglaubliche Wirkungen davon 2c.

2. Chronische Hautkrankheiten.

   Ich kenne kein vorzüglicheres Mittel gegen die hart= näckigsten Flechten, als die Bäder von Kreuznach:

Auch bei secundärer Lustseuche hebt Kopp die ausgezeich=
nete Wirkung derselben hervor. — Wenn aber die inveterir=
testen Krankheiten dieser Art hier zur Heilung gelangen, wo=
rüber alljährig die schönsten Erfolge vorliegen, so ist dies doch
mehr dem Umstande zuzuschreiben, daß durch den hiesigen
Kurgebrauch der scrophulöse Boden zerstört wird, worauf
dieselben wuchern und den bewährtesten Bekämpfungsmitteln
trotzen, aber gerade unsere Bäder sich in der schönsten Weise
bewähren.

IV. Kreuznach's Herren.

1. Die Römer bis 486 n. Christo.

Wilde Vangionenschwärme hatten lange vor Christi
Geburt den Rhein passirt und alles Land von Worms bis
zu den Triern besetzt, als Roms Julius Cäsar den deutschen
König Ariovist, der ganz Gallien überschwemmt hatte,
58 v. Chr. bei Besançon schlug und auch die Vangionen
unterwarf. Zwar flackerte noch einmal das alte Freiheitsge=
fühl in ihnen auf, als sie mit dem Trierfürsten J. Tutor
eine römische Heeresabtheilung erschlugen; aber, geschreckt
durch die Hauptmacht des Sextilius Felix, verließen sie
Tutor's Fahnen und mußten, als dieser, auf den Binger
Höhen umgangen, in die Schluchten des Hunsrückens zurück=
geworfen worden war, auf's Neue unter römisches Joch.
Fünfhundert Jahre lastete dasselbe auf ihnen: römische
Statthalter und Götter, Gesetze und Einrichtungen, Sitten
und Gebräuche wanderten bei ihnen ein; der römische Legio=

nenbienst hob ihre kräftigste Mannschaft aus; feste Burgen oder Kastelle, deren fünfzig längs dem ganzen Rheine dem Kaisersohne Claudius Drusus (12 v. Chr.) und mehr noch dem Kaiser Diocletian (286 n. Chr.) zugeschrieben werden, entstanden im Lande zur Abwehr gegen deutsche Ueberfälle, zur Unterdrückung des Aufruhrs im Innern, zur Ueberwinterung des Kriegsvolks und zur Deckung der Brücken und Heerstraßen durch's Land. Ein solches Kastell stand auch an der Stelle der sogenannten Heidenmauer bei Kreuznach, offenbar zum Rückzuge der Binger Besatzung (Bingensium), zum Winterlager (hiberna) einer Truppenabtheilung und zum Schutze der Hauptheerstraßen von der Binger Drususbrücke nach Trier und Alzei bestimmt. Trotzdem erlitt die Römerherrschaft am Rheine schon lange vor ihrem Sturze manchen harten Stoß. So kamen, von dem Römer Stilicho selbst gerufen, um 406 n. Chr. Schwärme von Quaden, Sarmaten, Vandalen, Alanen, Gepiden, Herulern, Sachsen, Burgundern, Allemannen und Panoniern unter dem Wendenkönige Kroch an den Rhein und brachten allen Ländern von da bis zum Weltmeere Tod und Verderben. Als Carocus, so erzählt der heilige Hilarius, auszog, frug er seine Mutter, wie er sich wohl verewigen möge, und diese erwiederte ihm: „Mein Sohn! willst Du Deinen Namen in der Welt verherrlichen, so ziehe hin und reiße nieder, was Andere mit vielen Kosten gebaut haben, und rotte aus die Völker, die Deiner Stärke unterliegen müssen; denn schönere Gebäude kannst Du nicht aufrichten als die Römer; auch ihren Kriegsruhm kannst Du nicht besser verdunkeln als durch eine allgemeine Zerstörung ihres Reichs!" Und Kroch

3 *

ging hin und that, wie ihm die Mutter gesagt. Fünfzig
Jahre später (um 450) führte der Würger Attila, der sich
selbst vermaß, Gottes Geißel unter den Menschen zu sein,
seine wilden Hunnenhorden an den Rhein und legte, wie der
Abt Tritheim berichtet, mit gewaltigen Schlägen Städte, Tempel
und blühende Anlagen in Schutt und Trümmer, so daß von
Basel bis Trier nur eine schreckliche Verwüstung zu sehen war.
So erlag denn auch das Römerkastell zu Kreuznach mit seinen Ansiedelungen einem dieser Stürme, wie die zerstörten Mauern und
die innerhalb derselben ausgegrabenen vielen Menschengerippe,
zahlreichen römischen Geräthschaften und Münzen beweisen.

Mit den römischen Legionen, die aus dem Orient nach
dem Rheine verlegt wurden, wie es heißt, mit der 22. oder
Thebanischen, verbreitete sich, wenigstens heimlich, schon
frühe das Christenthum an den Ufern des Rheines; ja es
schreibt die Sage dem Kaiser Constantin oder seiner Mutter
Helena den Bau einer Kapelle des heiligen Kreuzes
in dessen Nähe zu, welchem Kreuznach Namen und
Ursprung verdanken soll.

2. Die Franken 496—1241.

Im Jahre 486 machte der Frankenkönig Klobwig
durch die Schlacht bei Chalons der Römerherrschaft ein Ende
in Gallien, und es wurde dies nun Kampfpreis zwischen ihm
und den mächtigen Allemannen am Oberrhein. Schon
neigte sich in der Schlacht bei Zülpich der Sieg auf Feindes
Seite, als er mit lauter Stimme gelobte, „seine Götter dem
gekreuzigten Gotte zu opfern, wenn er ihm ein Zeichen seiner
Macht und Herrlichkeit gäbe." Da wankte der Feind, es

siegte Klodwig, und mit ihm das Kreuz und die Franken=
herrschaft am Rhein und an der Nahe (496—1241).

Die Sieger bei Zülpich theilten die eroberten Länder in
Herzogthümer und Gaue. Das Ostreich oder rheinische
Franken erhielt auf der linken Rheinseite den Speier=,
Worms= und Nahgau; der Nahgau, als eigner Gerichts=
bezirk, den Landstrich von der Hambach her über die Winter=
hauch, den Donnersberg mit beiden Seiten der Nahe und
des Glans, den Soonwald, Bingen, Alzei und Ingelheim
bis Mainz, und der bischöfliche Stuhl zu Mainz
die geistliche Obhut über diesen Sprengel. Allein so sehr war
durch die vorhergehenden Einfälle und Kriege dieser Landstrich
verheert und zerrüttet, daß die Bischöfe von Worms ihre
geistliche und die Grafen des Wormsgaus ihre richterliche
Gewalt ungescheut auch über den Nahgau ausdehnten. Daher
erscheinen selbst nach der Wiedereinsetzung des Erzbisthums
Mainz in seine Metropolitanrechte durch Bonifacius (748)
und durch Karl, den Großen, auf dem Reichstage zu Ingel=
heim (774) bis zur politischen Herstellung des Nahgaues durch
die Kirchenversammlung ebendaselbst (948) viele Orte desselben
urkundlich im Wormsgau, wie Bingen, Norheim und selbst
Kreuznach. So bestätigt Ludwig, der Fromme, 822 unter
den Besitzungen des Bisthums Würzburg „die St. Martins=
kirche zu Kreuznach im Wormsgau.“

Indessen behielten Klodwig's Nachkommen in den schönsten
Landstrichen große frucht= und waldreiche, meist von Flüssen
durchströmte Besitzungen zur „Lebsucht, Fisch= und Jagdlust“
für sich und bauten darauf Paläste, worin sie zur Zeit des
Friedens zugleich des Staats und der Kirche Sorgen wechselnd

mit Anschlägen des Mordes beriethen. Eine solche könig=
liche Domäne (villa regia), mit einem Palaste geziert,
wurde auch Kreuznach, obwohl erst unter den Karolinger
davon urkundlich Erwähnung geschieht. Ueberhaupt geht der
Merowinger Geschlecht spurlos an Kreuznach vorüber;
nur der fromme Dagobert soll eine längst verfallene Kirche
auf dem Wörthe zu Ehren Unserer Lieben Frau wieder
aufgebaut haben. Zu der Zeit oder etwas später erschien auch
der fromme Ire Disibobus mit seinen drei Gesellen in
der Gegend und predigte so gewaltig das Heiligthum aus
Benedicts Regel, daß ihm Viele zur waldigen Einöde des
Disibodenbergs folgten.

Als Karl, der Große, die Merowinger entthront
hatte (752), schaffte er die erblichen Herzöge ab, schickte
Gaugrafen in's Land, als Führer im Kriege und Richter
über Eigenthum, Freiheit, Leben und Tod im Frieden, und
gab jedem einen Schultheißen mit vierzehn Schöffen zum Ge=
richte bei. Darunter stellte er Landrichter (grafiones) mit
sieben Schöffen und über sie alle königliche Sendgrafen
(camerae nuntii), später erbliche Pfalzgrafen (comites
palatii), welche in seinem Namen in dem königlichen Palaste
Recht sprachen. Freigebig, wie die Karolinger gegen Kirchen
und Klöster waren, schenkte Karlmann oder Karl, der Große,
dem Bisthume zu Würzburg die Gefälle der Martinskirche zu
Kreuznach, und Karl, der Dicke, 882 der Bartholomäuskirche
zu Frankfurt den neunten Theil aller Einkünfte seines königl=
lichen Kammerhofes „Cruccnaha.“ — Bei der Theilung
zu Verdun 843 fiel der Nahgau Ludwig, dem
Deutschen, zu, und deutsch blieb er seitdem mit kurzer

Unterbrechung durch die französische Herrschaft (1797—1814) bis zum heutigen Tage.

Als Grafen des Nahgaus erscheinen von 961—1140 sechs Emicho hintereinander, ein Zeichen, daß jene Würde bei ihnen erblich geworden war. Emicho's VI. Söhne waren Konrad (1140—1163), Graf im Nahgau und Stammvater der Wildgrafen, und Emich, Urheber der Raugrafen.

Von nun an verschwindet mit dem allgemeinen Erlöschen der Gauverfassung in Deutschland auch der Name des Nahgaus. Grafen und Edle, von ihren Burgen benannt, treten jetzt urkundlich in jenem Landstriche auf, worin zwar noch die alten Nahgaugrafen, als Grafen von Kyrburg und Schmidtburg, auf altväterlichem Stuhle zu höchstem Gericht saßen, jedoch einzelne Schlösser und Herrschaften an nachgeborne Söhne und Eidame zu Erb abtraten. So kamen die Grafen von Veldenz, eine jüngere Linie der Grafen von Schmidtburg und Kyrburg, in den erblichen Besitz des osterburger Gerichtes, Zehnten und Patronats der Pfarrkirche zu Kreuznach, und durch diese wieder lehnsweise die Rheingrafen am Anfange des zwölften Jahrhunderts. Als daher Kaiser Heinrich IV. 1065 seinen Ort Kreuznach in der Nahgaugrafschaft Emichs mit allem Zubehör dem Bischofe Einhard zu Speier zum Lohne treuer Dienste schenkte, so konnte er darin eben so wenig der Rheingrafen Recht und Eigenthum begreifen, als in einer anderen Schenkung des Herrenhofes zu Kreuznach an die Kollegiatkirche St. Mathias zu Trier.

Indessen blühten neben den Abkömmlingen der alten Nahgaugrafen damals im Nahgaue auch schon andere adelige Ge-

schlechter, mächtig durch feste Burgen und reich an Grund und
Leuten, über welche sie selbst Gericht übten. Vor allen waren
da die Grafen von Sponheim, deren Eigenthum und
Gerichtsbarkeit sich durch Verheirathung mit dem Geschlechte
der Grafen im Trach= und Wedgau hauptsächlich zwar über
diesen Landstrich erstreckte, aber um 1065 auch bereits einen
Theil des Nahgaus über Kreuznach hinaus umfaßt haben
muß. Denn bei der erwähnten Schenkung Kaiser Heinrichs IV.
an den Bischof Einhard mußte der Graf Eberhard von Spon=
heim oder von „Ravenburg," wie er sich von diesem Schlosse
nannte, auf sein Reichslehn, welches in der Gerichtsbarkeit
über das Dorf Kreuznach (mit Ausnahme der osterburger)
bestand, Verzicht leisten und wurde dafür mit Hochfelden,
Schweighausen und dem Heiligenforst entschädigt. Wie kamen
die Grafen von Sponheim zu diesem Besitz? Ohne Zweifel
durch Erbansprüche und Gewalt. Die heilige Seherin Hilde=
gardis erzählt:

Um das Jahr 814 lebte zu Bingen ein mächtiger Herzog,
der über alles Land zwischen der Selz, Blies, Simmer und
Hambach von Bingen bis Lothringen hin gebot und nur eine
einzige Tochter hatte, die schöne und fromme Bertha. Die
gab er dem tapfern, aber auch wilden und rohen Fürsten
Robolaus zur Ehe, in der Hoffnung, ihn an der Hand seiner
sanften, christlichen Gemahlin für mildere Sitten zu gewinnen.
Aber des Mannes Kampflust gefiel sich nur kurze Zeit bei
seiner reizenden Gemahlin; er stürmte wieder fort zu blutiger
Fehde und fand in ihr den Tod. Im Wittwenschleier gebar
ihm Bertha noch ein Söhnlein, Rupert, den sie so mit ganzer
Seele liebte, daß sie jeden anderen irdischen Ehebund zurück=

wies und sich von ihrem Schlosse Lubun (Laubenheim) in die Einsamkeit bei Bingen zurückzog, um ihr Leben allein dem Dienste Gottes und der Erziehung ihres Sohnes zu widmen. Von der Liebe seiner heiligen Mutter ergriffen, träumte der fromme Knabe bald nur von himmlischen Seligkeiten und Kronen und von der Gemeinschaft der lieben Englein mit goldenen Fittigen und des Christkindleins und des kleinen Johannes. So vertauschte er eines Tages seinen Fürsten= mantel mit dem Pilgerkleide und wallfahrte zum Grabe der Apostelfürsten nach Rom, wo er das Gelübde ablegte, künftig auf Erden nur dem Himmel zu leben. Aber auf der Reise hatte der Hauch einer zehrenden Krankheit die zarte Blüthe seines Körpers geknickt; er welkte schon im zwanzigsten Lebens= jahre dahin und wurde mit seiner Mutter, die ihren Liebling nicht überlebte, zu Bingen begraben. Lachende Erben theilten das Land.

Obgleich nur eine Legende, wahrscheinlich aus Schriften oder Ueberlieferungen des Klosters Disibodenberg gezogen, wo Hildegardis vor ihrer Wanderung auf den Rupertsberg Aebtissin gewesen war, enthält sie doch auch einen historischen Kern. Mit dem kinderlosen Heimgange des letzten erblichen Herzogs im rheinischen Franken zerfiel nämlich diese Herr= schaft, und, so wie das Erzstift Mainz jetzt nach Bingen griff, eben so setzten sich die Grafen von Sponheim, gestützt auf verwandtschaftliche Rechte, aber mehr noch auf ihre Waffen, mit stillschweigender Einwilligung des Reiches in den Besitz der übrigen Erbschaft und verlegten ihren Sitz nach einer zu Sponheim erbauten Burg. Höchst ungern vernahmen daher Eberhard's von Sponheim Nachkommen die Schenkung

des aufblühenden Kreuznach an das Bisthum Speyer, neckten
trotz der erhaltenen Entschädigung dasselbe beständig in der
neuen Herrschaft, versuchten sogar 1206 unter dem Bischof
Konrad III. von Speyer den Bau eines neuen Schlosses in
Kreuznach, und hätten ihn vollendet, wäre ihnen nicht durch
König Philipp von Schwaben Einhalt geboten worden. Der
ewigen Händel müde verkaufte endlich Bischof Konrad V.
1241 Hof, Gut und Recht zu Kreuznach für 1100 Mark
Silber an den Grafen Heinrich von Sayn. Seine
Schwester Adelheid vermählte sich mit dem Grafen Gottfried
von Sponheim und brachte Kreuznach mit zur Ehe. Dieses
wurde von nun an fast zweihundert Jahre lang (1241—1437)
Hauptstadt aller vordersponheimischen Lande und bald auch
Sitz dieses mächtigen Grafengeschlechtes.

3. Die Grafen von Sponheim 1241—1437.

Die Kunde von der Grafen von Sponheim Geschlecht
reicht bis in's zehnte Jahrhundert hinauf, da uns in den
Stammtafeln des Hauses Nassau Magdalena, des Grafen
Walrabs von Sponheim Tochter, als Gemahlin Otto's I.
(† 972), des Stammvaters des Hauses Nassau, entgegen
tritt. Etwas später (um 1000) heirathete eine andere Gräfin
von Sponheim den Grafen Otto von Orleans, und um
dieselbe Zeit war ein Graf Hartwig von Sponheim
Bischof von Salzburg. Mit dem Grafen Eberhard,
Sohn einer Gräfin Hedwig von Sponheim, wird es lichter
in der Geschlechtskunde dieses gräflichen Hauses. Er wurde
der Stifter des Klosters Schwabenheim und einer Kirche auf
dem Feldberge bei Sponheim, die er mit Gütern und Gefällen

reich ausstattete, und ist der Stammvater aller folgenden Grafen von Sponheim († 1065). Sein Sohn Stephan
(† 1118) war ein frommer Herr, der die Kirche zu Sponheim in ein Kloster umwandeln wollte, aber, weil ihn der Tod
übereilte, die Ausführung seinem Sohne Meginhard
(† 1135) vermachte. Nachdem dieser das Werk vollendet
hatte, ließ er es unter großem Gepränge durch den Bischof
Burkard II. von Mainz zu Ehren Unserer Lieben Frau und
des heiligen Martin einweihen, und übergab es, bereichert
mit neuen Stiftungen, dem Erzbisthum Mainz mit der Bestimmung: daß stets der älteste Sohn, der zugleich ein
Herr von Kreuznach wäre, in der Vogtei des
Klosters folge. Gleichen Vorbehalt machte er bei dem Kloster
Schwabenheim, das er auf Bitten seiner Schwester Jutta
mit Neukirchen beschenkte. Diese war um 1136 Aebtissin einer
Frauenklause auf dem Disibodenberg und stand im Rufe der
Wunderthätigkeit, da sie Wasser in Wein verwandelte und
trockenen Fußes durch die Fluthen des Glans ging. Meginhard's Bruder Hugo starb 1138 als Erzbischof zu Köln; er
selbst aber hinterließ drei Kinder: Gottfrieb, Kraffto
und Hiltrubis.

Hiltrubis, von der Frömmigkeit ihrer Tante Jutta
begeistert, griff zum Schleier in Disibods Klause und folgte
(1148) ihrer Freundin Hildegardis in St. Ruperts Kloster,
worin sie (1177) selbst im Geruche der Heiligkeit starb, hoch-
gepriesen von der begeisterten Seherin, mit der sie den Kampf
gegen die irdische Liebe siegreich bestanden hatte. Kraffto
warb um die züchtige Clementine von Hohenberg, und sie
ward seine Verlobte, als sie eines Gelöbnisses ewiger Jung-

fraufchaft gebachte und Chrifti Braut im Klofter Oehren zu
Trier wurde. Da entfagte auch er dem Glück der Ehe und
nahm die Kutte der Benedictiner zu Sponheim. Von feinen
Ordensbrüdern bald zum Abte gewählt, mehrte er vor feinem
Tode (1175) des Klofters Güter um Koppenftein und einen
filberbordirten Abtshut, von Edelfteinen funkelnd. Gott=
fried († 1158) war ein kluger, tapferer und ftrenger Herr.
Obwohl er mit dem Erzbifchofe Adelbert von Mainz eine Pil=
gerfahrt nach dem heiligen Grabe gemacht und dem Klofter
Sponheim koftbare Reliquien verehrt hatte, wollte es ihm
doch nicht gelingen, fich auch feiner Ahnen frommen Ruf zu
erwerben; denn er weigerte fich, das abgebrannte Hofpital
zu Sponheim wieder aufzubauen, und fiel gar mit dem Pfalz=
grafen Hermann II. verheerend in das Erzftift Mainz ein,
fo daß der Kaifer Friedrich Barbaroffa ihn wegen Landfrie=
densbruches zur Hundeftrafe verurtheilte, welche den Ver=
brecher zwang, einen räudigen Hund eine Meile weit auf dem
Rücken zu tragen.

Von feiner Gemahlin Adelheid von Eberftein hatte er drei
Söhne: Eberhard, Gottfried und Walram, von
denen der erfte Herr zu Kreuznach und Schirmvogt des
Klofters Sponheim wurde. Ueber feinen Tod (vor 1189)
härmte fich feine Gemahlin Ida von Hohenftein fo, daß fie
der Welt entfagte und den Reft ihres Lebens in St. Ruperts
Klofter mit ftillen Gebeten um feiner Seele Heil zubrachte.
Von feinen drei Söhnen folgte ihm Gerlach († nach 1199)
in der Regierung, der fich des Abtes Baldemar zu Sponheim
gegen die Thalbauern im Streit wegen Wald= und Weidrecht
annahm und ihm fogar Argenfchwang für zwanzig Mark

Silber verhandelte, übrigens aber ein strenger Richter war
und selbst an einem Schultheißen, Trautwein, der sich des
Todschlags schuldig gemacht, blutige Gerechtigkeit übte. Da
sein ältester Sohn Marquard an beiden Füßen lahm war
und deßhalb die stille Zelle der Benedictiner zu Sponheim dem
müßigen Zuschauen der Welthändel vorzog, so ergriff sein Bru=
der Johann (1215) das Heft der Regierung, trat bei der
Krönung des Kaisers Friedrich zu Aachen als Graf von
Sponheim und Herr zu Kreuznach auf und übte, nach glück=
licher Heimkehr von einem Zuge nach dem gelobten Lande, in
dem erneuerten Streite der Thalbauern zu Sponheim sein
Vogteirecht zu Gunsten des Klosters aus. Mit ihm erlosch
Eberhards Zweig; aber desto kräftiger blühte der seines
Bruders Gottfried II. (um 1182) in drei Söhnen
Adalbert, Heinrich und Gottfried III. fort.
Adalbert erwarb sich in einem zweijährigen Kampfe gegen
die Sarazenen und durch die Schenkung des Dörfchens Auen
an das Kloster zu Sponheim (1203) reichlichen Ablaß und
schlug sich mit seinem Bruder Heinrich tapfer für Kaiser
Ottos Sache herum, verheerte auch nach Kriegsbrauch auf's
Gründlichste das Erzstift Mainz, welches für Philipp von
Schwaben mit Bannstrahlen kämpfte. Gottfried III.
(1189—1220) erheirathete mit der Gräfin Adelheid das
Erbrecht auf ihres Bruders, Heinrichs II. von Sayn, Hinter=
lassenschaft, ein Sohn Heinrich mit Agnes die Grafschaft
Heinsberg, und Adelheid trat nach ihres Gemahls Tode
in eine zweite Ehe mit Eberhard, Grafen von Eberstein.
So fügte sich's, daß vier Erben theilen konnten:

Johann I. († 1264), Gottfrieds ältester Sohn, nahm

die Grafschaft Starkenburg mit einem Drittheil an Sponheim und wurde Stifter der **starkenburger Linie**; Simon II. († 1266), der zweite Sohn, erhielt die Herrschaft Kreuznach mit zwei Drittheilen an Burg Sponheim und den Vogteien zu Sponheim und Schwabenheim und wurde der Urheber der **Kreuznacher Linie**; Heinrich von Heinsberg wurde der Stammvater einer über 200 Jahre in männlicher Linie blühenden Familie, deren letzte Erbgräfin, **Elisabeth von Heinsberg**, den Herzog **Wilhelm X.** von Jülich und Berg heirathete; **Eberhard von Eberstein** endlich, Sohn des Grafen gleichen Namens, folgte seinem Vater in der Regierung, starb aber ohne Nachkommen und hinterließ seine Grafschaft Johanns I. ältestem Sohne **Gottfried**, Stammherrn der Grafen, jetzt **Fürsten von Sayn und Wittgenstein**. Simon II. war ein Liebling Kaiser Friedrichs II., verbürgte mit Namen und Siegel den Reichs-tagsabschluß zu Worms und hatte mit dem Erzbischof Sieg-fried von Mainz wegen unbefugten Burgbaues auf dem Disi-bodenberg einen heftigen Span. Endlich verglichen sich beide dahin: der Erzbischof schleifte seine Burg wieder, aber der Graf trug ihm Sponheim als Lehn auf. Als Schirmherr des dortigen Klosters wurde er in die Umtriebe der Mönche bei streitiger Abtswahl verwickelt, entzog sich ihnen aber noch zeitig auf schlaue Weise. Als nämlich der Abt Johann (1264) das Zeitliche gesegnet hatte, griffen der Pater Keller Peter und der Bruder Wilhelm zugleich nach Krafftos silberborbir-tem Abtshute, und da es Simon mit diesem hielt, nahmen die meisten Mönche Parthei für jenen, woraus ein erbitterter Kampf entstand. Nun übergab Simon die Sache dem Erz-

bischofe Werner zu Mainz zur Entscheidung. Dieser sprach
für Peter und steckte Wilhelm in ein Gefängniß. Damit war
aber die Sache keineswegs abgethan. Um seine Gegner zu
gewinnen, schlug Peter den Weg der Güte ein und theilte
jedem Mönche eine eigene Pfründe zu; aber kaum im Besitze
eines unabhängigen Einkommens begannen die Ordensbrü=
der allzumal ein so lustiges Leben zu führen, daß, wie der
Chronist sagt, „die Klostergänge statt von Bußpsalmen von
wilden Zechgelagen und dem Gelächter frecher Dirnen wider=
hallten." Mit Grauen und Abscheu betrachtete der Abt solch
ein unheiliges Treiben, bereute bitterlich den begangenen
Fehler und wollte die ausgegebenen Pfründen wieder einziehen.
Allein da erhob sich ein so gewaltiger allgemeiner Sturm,
daß er durch die schleunigste Flucht sein Leben retten und fünf
Jahre zu Kreuznach in der Verbannung zubringen mußte, bis
Simons II. Sohn, Johann I., ihn mit Gewalt in's Kloster
zurückführte und mit Kraft die Ruhe wiederherstellte (1276).
Ueberhaupt war Johann (1266—1291), obgleich hinkend
an einem Fuß und deßhalb der Lahme genannt, ein Mann,
rüstig an Geist, fest an Willen und bereit zur That. Seine
Geschwister fand er leichten Kaufs ab; nur seinem Bruder
Heinrich sah er sich durch das Zureden und Drängen der
Anverwandten genöthigt, das Schloß Böckelheim mit einigen
Dörfern und Gütern zu überlassen. Erbost über diese Ver=
kürzung in seinem Erbtheil verkaufte Heinrich ohne seines
Bruders Zustimmung zwei Drittheile des Schlosses Böckelheim
für 1400 Mark Aachener Pfennige dem Erzbischof Werner
von Mainz und bekannte sich als seinen Lehns = und Burg=
mann. Vergebens bot Johann die Auslösung an, vergebens

brohte er mit Waffengewalt; mit Spott und Hohn zurückge=
wiesen, fiel er mit seinen Bettern von Starkenburg, Gott=
fried und Heinrich, mit Eberhard von Katzenelnbogen, den
Grafen Friedrich und Emich von Leiningen, dem Grafen von
Zweibrücken und dem Landgrafen von Hessen plündernd in
das Erzstift ein. Schnell sammelte Werner seine Vasallen
und Mannen und lieferte (1279) dem Grafen zwischen
Genzingen und Sprendlingen, eine Meile von Kreuznach, eine
blutige und entscheidende Schlacht. Lange wogte das Kriegs=
getümmel hin und her; manche Lücke unter den Mainzern
bezeichnete die kräftigen Schwerthiebe der Sponheimer Heer=
führer und ihrer kampflustigen Schaaren, und schon sank der
Erzbischöflichen Muth, schon wankten ihre Reihen, schon
mußten sie weichen, als vom Rheingau über Bingen her
frische Haufen derber Zünfte im Sturme heranrannten und
sich mit gewaltigem Stoße auf die Sponheimer warfen. Ob=
gleich durch die Uebermacht gedrängt, hielten diese doch
Stand und schlugen in verzweifeltem Kampfe noch mehrere
heftige Angriffe zurück. Vor Allen, sagt der Chronist
(Tritheim), war da ein Metzger von Kreuznach, Michael
Mort, ein Mann von verwegener Tapferkeit, der so männ=
lich für seinen Herrn Grafen focht, daß er, ein zweiter
Maccabäer, sich ewigen Ruhm bei der Nachwelt verdient hat.
Denn da endlich der Erzbischof den Sieg errang, und die
Grafen von Leiningen und Vehingen und Siegfried, der
Rheingraf, mit vielen Edlen und Rittern niedergeworfen waren,
war es nahe daran, daß auch Johann mit seinem lahmen Fuße
gefangen worden wäre. Das gewahrte kaum Mort, als er
mit seiner Zunft über des Grafen Dränger herfiel und ihm

Bahn machte, dem Gemetzel auf flüchtigem Rosse zu ent=
rinnen. Er schwang dabei ringsum so gewaltig sein Schwert,
daß bald mehr denn zwanzig Leichen um ihn her gestreckt
lagen; ja, getroffen an den Füßen und niedersinkend auf
seine Kniee, erschlug er noch Fünfe und verwundete Viele.
Endlich, von Jedermann verlassen, unterlag er ruhmvoll der
Gewalt und hauchte auf dem Schlachtfelde sein Leben aus.
Ein Denkstein an dieser Stätte verherrlichte lange seine
Großthat; seiner Zunft aber bewilligte Johann aus Dank=
barkeit gegen den Helden besondere Freiheiten und Vorrechte.
Schrecklich war anfangs des Erzbischofs Rache; seine Schaa=
ren durchzogen plündernd, sengend und brennend die Graf=
schaft Sponheim, selbst Kirchen und Klöster blieben nicht
verschont; allein da Kaiser Rudolph von Habsburg Männig=
lichen gebot, „den Grafen Johann und Heinrich von Spon=
heim wegen ihrer Tapferkeit mit absonderlicher Gunst und
Hülfe gewogen zu sein," und als Johann des Erzbischofs
Rauf anerkannte, so gab dieser die Gefangenen frei und schloß
mit ihm (1282) ein Bündniß auf ewige Zeiten. Aus zwei
Ehen hinterließ Johann fünf Kinder, von denen die beiden
ältesten anfangs gemeinschaftlich die väterliche Hinterlassen=
schaft regierten, dann aber so theilten, daß Simon III.
(1292—1337) Kastellaun und Kirchberg, und Johann II.
(1292—1340) Kreuznach mit den Vogteien von Sponheim
und Schwabenheim erhielt. Beide Brüder standen in hohem
Ansehen bei Kaiser und Reich und erhielten von Kaiser
Friedrich von Oestreich den Auftrag, „des Reichs Städte
und Adel zu des Kaisers Gehorsam zu bringen," und „von
dem widerspenstigen Mainz 6000 Mark Silber einzutreiben."

Ihre Ehrfurcht gegen die Kirche und ihre Diener bezeugten sie in höchst auffallender Weise. Denn nicht nur, daß sie wie ihre Vorfahren dieselbe reichlich beschenkten, trugen sie dem Erzbischof Balduin von Trier ihre Erbschlösser Kirchberg und Winterburg sogar freiwillig zu Kunkellehen auf, ja verschmähten es nicht, ihr altväterliches Schloß Sponheim aus den Händen des Abtes Willicho als Lehen zu empfangen. Als Bundeshauptmann der Städte Mainz, Worms, Straßburg, Speier und Oppenheim zwang Johann den kriegerischen Wildgrafen Hartard von Dhaun in seiner Feste Rheingrafenstein zum Oeffnungsrecht der Burg für den Bund. Als aber die Brüder für den Wildgrafen Johann von Dhaun, welchem der Erzbischof Balduin von Trier, zugleich Verwalter des Erzstifts Mainz, sein Erbtheil an der Schmidtburger Verlassenschaft entzogen hatte, in die Waffen traten, brach der kriegerische Kirchenfürst von Mainz aus, Alles mit Feuer und Schwert verheerend, in die Grafschaft Sponheim ein und rückte, von Kreuznach durch die Bürger und von Sponheim durch des Grafen Waffen zurückgescheucht, über die Brandstätten der wehrlosen Dorfschaften durch den Soon vor Kastellaun. Durch die allgemeine Verwüstung der Umgegend und sein Belagerungsgeschütz trieb er es so in die Angst, daß Simons Gemahlin, eine Nichte Balduins, umgeben von ihren Kindern, von der Burg herab vor den aufgebrachten Erzbischof trat und, ihr Knie beugend, ihn in der beweglichsten Weise anredete: „Wie, ehrwürdiger Vater! Ihr wollt Euer eignes Blut, Eure eigne Familie, die Ihr vor Anderer Gewalt schützen solltet, selbst dem Jammer und Elende preisgeben? Erbarmt Euch Eurer Nichte, Eures Blu=

tes, dieser Kleinen; schont ihrer, ich beschwöre Euch!" —
Gerührt zog Balduin von dannen, vertrug sich mit den Brü=
dern und später durch Kaiser Ludwig auch mit dem Wild=
grafen Johann. Erbe beider Brüder wurde Walram
(1330—1380), Simons ältester Sohn, welcher die wieder
vereinigte Grafschaft durch bedeutende Ankäufe, glückliche
Fehden und kaiserliche Gnaden noch vergrößerte. Nur ein=
mal verließ ihn das Glück. Wegen einer Irrung war ihm
Philipp von Bolanden, Herr zu Altenbaumberg, gram und
aufsässig, hob ihn unversehens auf und hielt ihn in siche=
rem Verwahr gefangen, bis ihm Kaiser Karl IV. gebot, „los
und ledig zu geben Grafen Walram, den Edlen und des
Reichs lieben Getreuen." Er starb, beschenkt vom Papste
Innocenz VI. mit einem Generalablaßbrief für sich und seine
Gemahlin, in hohem Alter und wurde in der Erbgruft zu
Schwabenheim beigesetzt, wo auch seines Oheims Gebeine unter
einem Steine ruhen, der ihn in völligem Harnische darstellt.
Nach ihm ergriff Simon IV. (1380—1413), als der älteste
Sohn, das Heft der Regierung, beschwor der Stadt Kreuznach
Freiheiten und Privilegien, wobei er das Recht der Erstgeburt
festsetzte, war allezeit Mehrer seines Hauses und fand seine
Grabstätte in der neuen Marienkirche auf dem Wörth, dem
frommen Werke Johanns II. Von seinen drei Kindern
welkten zwei schon frühe dahin; die dritte, Elisabeth,
war zwar zweimal verheirathet, zuerst mit Engelbrecht von
der Mark, dann mit dem Pfalzgrafen Ruprecht, Pipan
genannt, Kaiser Ruprechts erstem Sohne, der 1396 gegen
die Ungarn fiel, aber beide Male in kinderloser Ehe. So
setzte sie zwar zum Universalerben der vordern Grafschaft

4*

ihren Vetter, Johann V. von Starkenburg (1414—1437),
ein, vermachte aber gleichzeitig ihrem Schwager Ludwig,
Pfalzgrafen bei Rhein und Herzog in Baiern,
„um der sonderlichen Liebe und Freundschaft willen, die
ihr Kaiser Ruprecht seligen Andenkens und ihr lieber Schwager allezeit getreulich und nützlich bewiesen," ein Fünftel von
Kreuznach, Ebernburg, Guttenberg, Argenschwang, Naumburg, Koppenstein, Gemünden und Kirchberg nebst allem Zubehör. Johanns V. Vorfahre, Johann I. zu Starkenburg,
hatte 1264 seine Herrschaft zwei Söhnen zur Theilung
hinterlassen: Gottfried, dem Stifter der neusaynischen
Linie, und Heinrich (1264—1291), dessen Sohn Johann II.
der Träger des starkenburger Grafengeschlechts wurde. Er
galt für einen der reichsten Lehnsträger des Reichs, zählte
unter seine Schuldner zwei Kaiser, Albrecht und Ludwig IV.,
eine Kaiserin, Heinrichs VII. Gemahlin Elisabeth, und den
Herzog Leopold von Oestreich, erhielt vom Kurfürsten Rudolph die heimgefallenen Lehen Emichs von Dhaun und
wurde des Erzbischofs Balduin Oberamtmann über alle
kurtriersche Lande zwischen Rhein und Mosel. Sein Erbe
war sein ältester Sohn Heinrich, Gemahl der Loretta
von Salm; doch starb dieser schon ein Jahr vor ihm, und
Beider Gebeine ruhen im Kloster Himmerod. Die junge
Wittwe bewegte ein männliches Herz in ihrem Busen und
vertheidigte ihre drei minderjährigen Söhne Johann, Heinrich und Gottfried mit einer Kühnheit gegen geistliche und
weltliche Angriffe, die ihre Frauenlist noch überbot. Der
mächtigste Kirchenfürst seiner Zeit, Erzbischof und Kurfürst
Balduin von Trier, legte (1325) auf ihrem Gebiete zu

Birkenfeld eine feste Burg an. Da wehrte ihm Loretta mit offener Gewalt. Balduin zog rasch ein Heer zusammen, sie zu züchtigen für ihre Keckheit. Loretta bemüthigte sich vor ihm und besänftigte durch schmeichelnde Bitten seinen Zorn so weit, daß er sich unbesorgt zu Schiffe begab, um in geistlichen Geschäften die Mosel hinab von Trier nach Koblenz zu fahren. Da ließ ihn die listige Frau auffangen und zu ehrenvoller Haft nach Starkenburg bringen. Vergebens waren alle Bitten und Drohungen der mächtigsten Prälaten der Kirche und Fürsten des Reichs; sie ließ ihn nicht eher los, bis er als Sühne ihr den ruhigen Besitz der Grafschaft sammt der streitigen Burg zugesichert und zum Unterpfande seine Schlösser Kochheim, Bernkastel und Manderscheid sammt 11,000 ü Heller auf die Schlösser Stahlberg, Stahleck und Braunshorn, welche selbst nur pfälzisches Pfand waren, verschrieben hatte. Ein hübsches Lösegeld für die kurze Herberge! Und doch scherzte der Erzbischof noch beim Scheiden von ihr über den geringen Preis, zu dem sie einen Fürsten abgeschätzt, welchem König Eduard III. von England seine Krone versetzt hatte; ja er grollte so wenig der Mutter, die ihrer Kinder Rechte so männlich wider ihn zu vertheidigen gewagt hatte, daß er ihr noch ihre Schuldbriefe an die Juden bezahlte, indem er sie für null und nichtig erklärte (1331), und sich in den schonendsten Ausdrücken für sie bei Pabst Johann XXII. verwandte. Es hatte dieser nämlich kaum ihren entsetzlichen Frevel vernommen, als er den Bann gegen sie schleuderte und das Interdict auf alle ihre Schlösser und Länder legte; aber durch Balduins Fürsprache nahm er sie, „die eigentlich der

Kirche Gnade verscherzt hatte, weil sie die verruchten Hände
an geistliche Väter gelegt, wiederum an den Busen jener
Barmherzigkeit auf, womit die Kirche dem reuigen Sünder
zu begegnen pflege; doch sollte sie mit ihren Helfershelfern
an einem festlichen Tage baarfuß und entblößten Hauptes
mit einer vierpfündigen Kerze zu öffentlichem Sündenbekennt=
niß in eine Trierer Kirche wallfahrten, und in gleicher
Weise fünfzig Mann mit vier silbernen Leuchtern, zwölf
Mark schwer, und einer urkundlichen Verschreibung für ewi=
ges Brennöl nach Trier selbst senden." Indessen unterzog
sich Loretta auch dieser Buße nicht, sondern entledigte sich
ihrer, vermuthlich mit des Erzbischofs Bewilligung, durch
eine Schenkung von vier Ohm Oel zu vier Ampeln; ja sie
erbaute zum Denkmal ihrer Kühnheit von Balduins Löse=
geld jene stolze Burg, welche, eine der stärksten zwischen
Rhein und Mosel, unter dem Namen der Frauen= oder
Gräfinburg bis ins achtzehnte Jahrhundert stand. Ihr Sohn
Johann III. (1330—1399), welcher an der Seite seiner
Gemahlin Mechtildes, einer Tochter des Kurfürsten Ru=
dolph von der Pfalz, die Regierung zu Starkenburg über=
nahm und seine Brüder mit Renten und Lehnstücken abfand,
lebte mit Balduin auf freundschaftlichem Fuße, erkannte
ihn sogar als seinen Lehnsherrn an und ward dafür von
ihm über alle kurtriefsche Aemter zwischen Rhein und Mosel
gesetzt; allein dies hielt ihn nicht ab, das Erzstift Trier
tüchtig zu verheeren, als der Erzbischof Bohemund, Bal=
duins Nachfolger, ihn in seinen Rechten auf einen Theil
des Moselzolles kränkte. Nur durch Zerstörung seines Zoll=
hauses zu Starkenburg und den Verlust eines Treffens bei

Kirchberg ließ er sich zu einer Sühne nöthigen, welche die
alte Freundschaft wieder herstellte. Nachdem er, seiner Vor=
jahren Sitte treu, der Kirche ihren Tribut durch reiche
Schenkungen dargebracht hatte, stieg er zu seiner Familien=
gruft in der Kirche zu Himmerod, wo ein Grabstein seine
ritterliche Gestalt zeigt mit gewaltigem Schwert und Dolch
an beiden Seiten, zu den Füßen zwei Hunde, und die
Hände zum Beten gefaltet. Noch bei seinen Lebzeiten hatte
Markgraf Rudolph von Baden seine älteste Tochter
Mechtildis, und Heinrich, des Grafen Heinrich
von Velden z Sohn, die andere, Loretta, heimge=
führt, ein jüngerer Sohn aber, Gottfried, zu Gunsten
seines älteren Bruders, Johann IV., auf sein Erb=
theil gegen eine geringe Entschädigung verzichtet, so daß
dieser (1399—1414) alleiniger Herr zu Starkenburg wurde
und mit Elisabeth, des Grafen Walram von Kreuznach
Tochter, auch noch die Anwartschaft auf diese Herrschaft
erwarb. So vereinigte deren einziger Sohn Johann V.
(1414—1437) nach der sponheimischen Erbgräfin Elisabeth
Tode 1417 mit dem Wappen der hinteren Grafschaft Spon=
heim noch einmal das der vorderen, mußte aber dem
Pfalzgrafen Ludwig wegen seines vermachten Fünf=
tels die Huldigung der vorderen Grafschaft Sponheim be=
willigen; ja eine Geldnoth zwang ihn, für 20,000 gute
rheinische Gulden ihm noch ein Fünftel auf Wiederkauf zu
verpfänden. Nachdem er sein Schwert im Kampfe gegen
die Ungläubigen erprobt hatte, gelüstete ihn auch nach Lor=
beeren gegen die Hussiten in Böhmen; allein er mußte sie
theuer bezahlen. Denn zum Feldzuge entlehnte er vom

Markgrafen Bernhard von Baden abermals 200,000 Gulden auf die ganze Grafschaft und während des Krieges
selbst entrann er nur wie durch ein Wunder einem schmäh-
lichen Tode. Er hatte sich mit einer tüchtigen Schaar bis
zu den offenen Thoren eines böhmischen Ketzerdorfes heran-
geschlichen, um es nach Brauch zu plündern und anzustecken.
Drinnen schien man die Gefahr so wenig zu ahnen, daß
die Bürger unbekümmert ihre Schafheerden austrieben. Da
strauchelte Johanns Pferd über ein Schaf und warf ihn
etwas unsanft ab. Ehe er sich wieder gesammelt hatte und
aufsaß, drangen die Seinigen beutelustig in den Ort ein
und wurden, da die hinterlistigen Ketzer schnell die Thore
schlossen, alle bis auf den letzten Mann niedergehauen; er
selbst aber machte sich, sobald er das merkte, flugs aus dem
Staube. Nun warf er sich nach der Neigung der Zeit in
die Arme der Alchymie, baute für sich und seinen Liebling
Gobelin ein Laboratorium zu Trarbach und verpulverte
dabei ungeheure Summen, so daß er abermals 30,000
Gulden von dem Markgrafen Jacob von Baden und dem
Grafen Friedrich von Veldenz entnehmen und ihnen ein
Drittheil von der Herrschaft Kreuznach verschreiben mußte.
Deßhalb schreibt der Abt Tritheim von ihm, „er sei ein
gar kurioser Herr gewesen, begierig immer etwas Neues zu
erfahren, habe viel Geld auf unnütze Dinge verschwendet,
theils zu alchymistischen, theils zu mathematischen Kunst-
stücken, bald zu dieser, bald zu jener vorwitzigen Nachfor-
schung, auch an seinem Hofe allezeit solche Windbeutel, wie
Alchymisten, Zauberer, Zeichendeuter, Beschwörer, Schwarzkünstler und Wahrsager gehalten, denen er, so oft sie ihn

auch betrogen, doch immer wieder Glauben geschenkt habe."
So hätte es kaum noch des Testamentes bedurft, welches
er wegen Unfruchtbarkeit seiner Gemahlin Walpurgis im
Jahre 1426 errichtete: „Daß der Markgraf Bernhard von
Baden und Graf Friedrich von Veldenz ihm in allen väter=
lichen und ererbten Schlössern, Landen, Leuten und Gütern
mit Vorbehalt der kurfürstlichen Gemeinschaft an Elisabeths
Hinterlassenschaft nachfolgen, auf den ungetheilten Besitz einen
gemeinsamen Burgfrieden schwören und jedesmal der älteste
des Stammes allein erben; die Markgrafen von Baden
das Wappen der vorderen, der Graf von Veldenz das der
hinteren Grafschaft führen; endlich ein Stamm den andern
erben, so die sponheimischen Lande wieder zusammenbringen
und ihre Wappen vereinigen sollte." Bei dem Burgfrieden,
welchen schon 1428 der Kurfürst Ludwig von der Pfalz,
als Besitzer von zwei Fünftel an der vorderen Grafschaft
Sponheim, mit dem Markgrafen Jacob von Baden und
dem Grafen Friedrich von Veldenz, als künftigen Erben,
schloß, wurden zu derselben gezählt: Kreuznach, Ebern=
burg, Gutenberg, Angenschwang, Naumburg, Koppenstein,
Gemünden und Kirchberg. Nachdem Johann für sein und
seiner Gemahlin Seelenheil durch Stiftung von Messen reich=
lich gesorgt hatte, folgte er seiner Gemahlin zur erkornen
Ruhestätte in der Kirche zu Trarbach, wo er in der nörd=
lichen Mauer in geharnischter Lebensgröße aus Messing ab=
gebildet ist. Er war der letzte männliche Sprosse eines alten
Grafengeschlechts, welches von kleinen Gutsbesitzern und
Gerichtsherrn durch Erbschaft, Kauf, Reichs= und andere
Lehen, selbst durch Waffengewalt und List zu den ersten

Dynastenhäusern emporstieg, dem höchsten Adel des Reichs
seine Töchter vermählte und aus ihm sich Frauen erkor,
einen glänzenden Hof von Lehnsträgern und Schwertgenos=
sen zu blutigen Fehden hielt, der Kirche und ihren Trägern
zwar reichlichen Tribut an Geld, Gut und Ehren zollte,
aber auch ungescheut ihr entgegentrat mit Feuer und Schwert
bei jeder offenkundigen Kränkung des Rechts, und dann auch
für den Freund ein offenes Ohr und eine geharnischte Faust
hatte. Obgleich die Grafen allezeit streng auf Gerechtigkeit
im Lande hielten und ihre- landesherrliche Gewalt durch
Amtleute oder Vögte aus dem geringeren Adel übten, so
war ihre Regierung doch eine sehr milde und für die da=
malige Zeit höchst geordnete. Den Bürgern der Städte, die
sich in Zünfte theilten, gestatteten sie die freie Wahl ihrer
Bürgermeister und Schöffen zur Hut ihrer Freiheiten, zur
Verwaltung des städtischen Eigenthums und zu schiedsrich=
terlichem Spruch über gerichtliche Klagen, und als diese der
Bürger Rechte in Kreuznach schmälern wollten, setzten sie
ihnen mit dem Rechte des Einspruchs noch achtundzwanzig
Rathsherren zur Seite, die unter dem Namen „Räthe und
Gemeinde gemeiniglich" urkundlich vorkommen. Die Aufsicht
über Bürgermeister, deren die Stadt seit 1279 zwei wählte,
zehn Schöffen und achtundzwanzig Räthe führte in der Gra=
fen Namen ein von ihnen bestellter Schultheiß, der zugleich
die Beede und Gülte vertheilte und vereinnahmte und nach
der Schöffen Waisthum Recht sprach. Von vielen Abgaben
befreiten sie selbst die städteberechtigten Orte und schenkten
außerdem den Burgmannen, Bürgern und Metzgern in Kreuz=
nach viele Privilegien und Freiheiten; ja die Beede daselbst

bezog die Stadt selbst. Dafür leistete die Bürgerschaft nach
Zünften Geleitspflicht, Frohn= und Reiterdienst im Felde,
und mußten die Burgmannen ihnen „wohlgerüstet, wohl=
erzuget und geharnischt" in den Streit folgen. Zum Schutze
des Handels schlossen sie mit den Kurfürsten von Trier und
Mainz und mit dem Städtebunde des Mittelalters wieder=
holt Verträge und nöthigten, durch das Vertrauen desselben
zu Bundeshauptleuten berufen, die Raubburgen dieser Zeit,
wie den Rheingrafenstein, zum Oeffnungsrechte, wodurch sie
nicht wenig zum Aufblühen der Städte in ihrer Herrschaft
beitrugen. So zählte Kreuznach unter ihnen bereits 1800
Familien, also etwa 9000 Seelen, in 900 Häusern, eine Ein=
wohnerzahl, die sie jetzt erst wieder erreicht hat. Dem Zeitgeiste
folgend und zu eignem Seelentrost errichteten sie Klöster
und Kirchen, Altäre und Messen, wie die Schutzklöster Spon=
heim, Schwabenheim und Himmerod und mehrere Kapellen
zu Kreuznach, begünstigten ihren Bau, wie den des Karme=
literklosters dort, beschützten sie auf jede Weise, wie das
Augustinerinnenkloster zu St. Peter in der Altstadt, oder
bedachten „die Seelennoth der Bürger" im Neubau von
Kirchen, wie bei der prachtvollen „Wörthkirche zu Unserer
Lieben Frau" oberhalb der von ihnen aufgeführten Brücke
daselbst. So übernahmen

4. Die Gauerben Kreuznach's 1437—1708

die Stadt mit der vorderen Grafschaft Sponheim: Kur=
pfalz zu zwei Fünftel, Veldenz und Baden zu anbert=
halb Fünftel. Wir gedenken nicht, den Leser durch das wech=
selnde Labyrinth dieser Fünftelherrschaft zu führen, sondern

berühren nur flüchtig das Intereſſanteſte und Nothwendigſte davon zum Verſtändniß der folgenden Alleinherrſchaft von Kurpfalz.

Die Markgrafen von Baden, ſtolz auf ihren Ur=ſprung vom Herzog Gottfried von Allemanien, der ſich bis zu ſeinem Tode (709) ſiegreich gegen die Franken behauptet, und auf Hermann I. († 1130), dem ſie den Markgrafennamen verdanken, erhielten ihr Erbrecht an Kreuznach durch Ru=dolphs von Baden Gemahlin Mechtildis, Johanns III. von Starkenburg Tochter. Ihre Schweſter Loretta brachte ihrem Gemahle Heinrich von Veldenz, der von den alten Grafen des Nahgaus zu Schmidtburg und Kyr=burg ſtammte, das Anrecht auf Sponheim zu, welches Ste=phan, Kaiſer Ruprechts Sohn und Pfalzgraf von Zwei=brücken und Simmern mit Anna von Veldenz heimführte. Sein Bruder, der Kurfürſt Ludwig, erwarb außer ſei=nem vermachten Fünftel noch ein Fünftel durch Kauf von Johann V. und vererbte dieſe zwei Fünftel auf ſeinen Sohn Ludwig IV. (1442—1449). Da dieſer ſchon früh ſtarb, ſo übernahm ſein Bruder Friedrich I. (1449—1476) für den jungen Kurfürſten Philipp (1476—1508) die Re=gierung. Gegen ihn und ſeine weitausſehenden Plane, ge=ſtützt auf Anſprüche ſeines Hauſes, zogen heran der Graf von Würtemberg, die Biſchöfe von Metz und Speier, der Kurfürſt Adolph von Mainz und der Markgraf Karl von Baden, um ihn in ſeiner Hauptſtadt Heidelberg zu erdrücken. Allein Friedrich eilte ihnen bis Seckenheim entgegen, ſchob ſie mit ſeiner Reiterei zwiſchen den Rhein und Neckar, wo er das Fußvolk Nachts in den Wald verſteckt hatte, und warf sie, als dieses nun aus dem Hinterhalte hervorbrach, theils in die Wellen der Ströme, theils hieb er sie nieder, theils nahm er sie gefangen. Der Markgraf Karl mußte den Triumphzug Friedrichs in Heidelberg schmücken und ihm für seine Freiheit seine anderthalb Fünftel um 45,000 Gulden verpfänden, so daß der Kurfürst Philipp drei und ein halb Fünftel an der Herrschaft Kreuznach antrat. Indessen stellte sich durch Einlösungen und Verheirathungen das ursprüngliche Verhältniß so wieder her, daß Kurpfalz ein Fünftel, Pfalzsimmern zwei Fünftel und Baden zwei Fünftel an Kreuznach besaß, bis endlich die Kurlinie von der simmerischen und diese 1685 mit der Kur von der pfalzneuburger Linie beerbt wurde. Der Kurfürst Johann Wilhelm von Neuburg schloß 1707 u. 1708 mit dem markgräflich badischen Hause einen Tauschvertrag, worin er gegen Abtretung eines Theils der vorderen Grafschaft Sponheim alleiniger Besitzer von Kreuznach nebst dreiundzwanzig Ortschaften in derselben wurde. — So oft einer dieser Ganerben zur Regierung kam, mußte er zwar die Freiheiten und Privilegien der Stadt beschwören und empfing dafür Eid und Huldigung; allein zu ihrem Unglücke wurde sie auch in die blutigen Händel und verheerenden Kriege dieser Fürstenhäuser verwickelt. So, als Kurfürst Philipp sich für die Erbansprüche seines Sohnes Ruprecht, Gemahls der Elisabeth, einziger Tochter des reichen Herzogs Georg von Niederbaiern, mit Albrecht von Baiern, und auf die täuschenden Lockungen Ludwigs von Frankreich und Ladislavs von Polen mit dem ganzen römischen Reiche verfeindete. Selbst geächtet und vieler Städte, Schlösser und Aemter beraubt, zog

er auch dem Lande entsetzliche Verheerungen und der Stadt
Kreuznach eine sechstägige Belagerung durch den Landgrafen
Wilhelm II. von Hessen und den Grafen Alexander von Zwei=
brücken zu. Dann, als Ludwig Philipp von Simmern
für seines Bruders Friedrich V. ehrgeizigen Pläne auf Böh=
mens Thron Parthei ergriff, und die Spanier und Baiern
nach der siegreichen Schlacht bei Prag 1620 plündernd und
raubend in die Rheinpfalz einfielen; und hierauf, nach der
Nördlinger Schlacht (1634), da er landesflüchtig die Pfalz
den Spaniern zur Verwüstung und Brandschatzung preisgeben
mußte. Wer kennt endlich nicht die unglücklichen Folgen der
Vermählung von des Kurfürsten Karl Schwester Elisa=
beth an den Herzog von Orleans für die ganze Pfalz?
Dessen Erbansprüche geltend zu machen, schickte Ludwig XIV.
den Mordbrenner Melac an der Spitze wilder Raubhorden
ab, welche Städte und Dörfer in Asche legten, die Einwohner
ausplünderten, Erndte und Weinstöcke ausrotteten, Alles,
was auf der Erde war, vertilgten und selbst unter der Erde
nicht schonten der Verstorbenen geheiligte Asche. Erst nach
fortgesetzten siebenjährigen Verwüstungen (1697), durch welche
auch Kreuznach entsetzlich litt, zogen endlich die fränkischen
Vandalen gegen eine Entschädigung von 300,000 römischen
Thalern, von des Landes Fluch begleitet, ab. Dazu kamen
unter den Ganerben nicht selten kirchliche und religiöse
Zerwürfnisse, theils durch die eingetretenen Mißstände, theils
durch den Religionswechsel der regierenden Fürstenhäuser her=
vorgerufen. Denn der innere Zustand der sponheimischen
Kirchen und Klöster war zur Zeit der Reformation wie fast
überall: den Frauenstiften fehlte Nichts außer Zucht und

Ordnung; in den reich dotirten Mannsklöstern verpraßte, mit Ausnahme weniger, an Sitte und Gelehrsamkeit aus= gezeichneter Männer, ein zügelloser Mönchsorden Gut und Ehre; um die fettsten Pfründen, wie um die St. Kilianskirche zu Unserer Lieben Frau in Kreuznach, warb mit allen Künsten der Simonie der Adel und die hohe Geistlichkeit. Da brachte Luther die Reformation; Hutten, Bucer, Schwefel, Oeco= lompadius und andere Freunde Franz von Sickingens schür= ten von der Ebernburg aus den in der Umgegend angefachten Brand zu immer helleren Flammen, und so war der Kurfürst Otto Heinrich (1556) kaum zur Regierung gelangt, als er trotz Badens Widerspruch allenthalben in der Pfalz mit Ab= schaffung des Meßopfers und Heiligendienstes eine neue Kir= chenordnung in deutscher Sprache nach lutherischen Grund= sätzen einführte. Sein Erbe Friedrich III. von Simmern (1559—1576), durch die Streitigkeiten der lutherischen Theo= logen unter einander geschreckt, unterbrückte nicht nur den katholischen Gottesdienst im ganzen Lande, sondern vertrieb auch die lutherischen Lehrer allenthalben, schenkte ihre Kir= chen, Stellen und Güter den Reformirten und calvinistischen Flüchtlingen aus Frankreich und Flandern und befestigte die reformirte Confession durch eine neue Kirchenordnung und (1582) den Heidelberger Katechismus. Darob von dem Mark= grafen Philipp von Baden auf dem Reichstage zu Augsburg (1565) verklagt, rechtfertigte er sich damit, „daß er Calvins Schriften nie gelesen, nicht wisse, was mit dem Calvinismus gemeint sei, und bei der Augsburger Confession, die er zu Naumburg unterschrieben, beständig zu bleiben gedenke, übri= gens in Gewissens = und Glaubenssachen, wo es nicht um

einer Kappe voll Fleisch zu thun sei, sondern um der Seele
Seligkeit, nicht mehr als Einen Herrn erkenne, der ein Herr
aller Herren und ein König aller Könige sei." Hierauf zog
er (1565—1573) in der Grafschaft Kreuznach das St. Peters=,
St. Katharinen=, Franziskaner= und Karmelitenkloster, fer=
ner die Klöster zu Sponheim und Schwabenheim und die
Disibodenberger Kellerei ein, ließ den Ertrag derselben zur
Erhaltung des reformirten Kirchen= und Schulwesens verwal=
ten, die Zierrathen der Kirchen verkaufen und das Geld unter
die Armen vertheilen. Die geistliche Gerichtsbarkeit übertrug
er weltlichen Gerichten; nur für Ehesachen schuf er einen Kir=
chenrath, welcher auch Kirchen= und Schulstellen besetzte und
durch Inspectoren und Synoden Ordnung in den geistlichen
Bezirken hielt. Kaum hatte indessen Friedrich III. die Augen
für immer geschlossen, als sein Sohn Ludwig VI. (1576—
1583) seine ganze kirchliche Schöpfung wieder über die Haufen
warf, den Kirchenrath absetzte, Kirchen und Schulen den
Lutheranern überhändigte, Ott=Heinrichs Kirchenordnung
wieder einführte und alle Kirchen= und Schuldiener auf das
Concordienbuch verpflichten ließ. Die reformirten Flüchtlinge
nahm Ludwigs Bruder, Johann Kasimir, in Neustadt
und Lautern auf, versorgte sie an einer von ihm errichteten
Anstalt zu Neustadt bis zu des Kurfürsten Tod, führte sie
dann, als Vormund des Kurprinzen Friedrich, sämmtlich in
die Pfalz zurück, und stellte nach Vertreibung der lutherischen
Geistlichen Alles wieder her, wie es Friedrich III. angeordnet
hatte (1583—1592). Kurfürst Friedrich IV. (1592—
1610), von seinem Oheim in reformirten Grundsätzen erzogen,
vollendete dessen Werk durch eine erneuerte Kirchenordnung,

und so blieb es ein ganzes Jahrhundert. Denn die tumultu= arischen Religions= und Kirchenveränderungen wechselten eben so rasch, als die Besetzung der Stadt durch die Sieger, Spanier oder Schweden, bis der westphälische Friede (1648) Alles auf das Normaljahr 1618 zurückführte. Nun schloß der katholische Markgraf Wilhelm von Baden 1652 mit dem Pfalzgrafen Ludwig Philipp von Simmern ein Concordat, wonach neben der reformirten Religion auch die katholische in dem Franziscaner= und Karmelitenkloster der Stadt und auf dem Lande ausgeübt werden sollte; und als hierauf die Markgrafen von Baden sich zur lutherischen Kirche bekannten, so nahmen sie diese gegen die Anmuthung des Kurfürsten Karl Ludwig (1648—1680), eine refor= mirte Kirchenordnung einzuführen, und andere Ungerechtig= keiten desselben in Schutz. Als die Franzosen im Orleansschen Erbfolgekriege die Pfalz über= schwemmten, trieben sie auch, als Zugabe zu Raub und Mord, des Fanatismus greuliches Spiel, errichteten eigne Glaubensgerichte wider die protestantischen Kirchen= und Schuldiener und straften sie um gemachter Beschuldigungen halber mit Geld, Gefängniß und Verlust von Gütern und Kirchen, die sie den Katholiken überhändigten. So blickte man nach ihrem Abzuge voll Hoffnung auf den Kurfürsten Johann Wilhelm, der sich zwar zur katholischen Reli= gion bekannte, aber dem Rufe nach ein Mann von vieler Weisheit, hoher Gerechtigkeitsliebe und gutem Herzen war. Auch rechtfertigte er bei seinem Regierungsantritte diesen Ruf durch die feierliche Versicherung, seine Unterthanen in ihren Gerechtsamen und in freier Religionsübung zu schützen, ließ sich über die mancherlei Beeinträchtigungen Bericht erstatten und gestattete den Lutheranern (1699) ein eignes Consistorium und die Errichtung von Kirchen und Schulen. Diese erbauten sich auch (1698—1701) zu Kreuznach eine Kirche mit zwei Pfarrhäusern und einem Schulhause, allein einen Antheil am Kirchenvermögen konnten sie nicht erhalten; vielmehr stritten darum die Reformirten mit den Katholiken, welche vom Hofe begünstigt wurden. Ja es durfte ein Land=schreiber Quabt von Kreuznach, welcher der Versuchung zur Rückkehr in den Schoß der katholischen Kirche unterlegen war, es wagen, an der Spitze von acht pfälzischen Dragonern unge=straft die Umgegend der Stadt bis nach Freilaubersheim hin zu durchziehen, um nach dem vierten Artikel des Ryswicker Vertrags den Katholiken alle Kirchen und Einkünfte zu über=geben, die ihnen im Orleans'schen Kriege von den Franzosen geschenkt worden waren. In diesem Zwiespalte kirchlicher Partheiungen, welchen Johann Wilhelm vergeblich durch Ein=führung eines Simultaneums zu heben suchte, drohte Preußens König, Friedrich Wilhelm I., mit Repressalien gegen die Katho=liken in seinen Ländern und vermochte dadurch den Kur=fürsten (1705) zur Religionserklärung, wodurch er das Simultaneum wieder aufhob, den drei Religionsverwandten vollkommene Gewissensfreiheit und Religionsübung gestattete, den Reformirten fünf Siebentel und den Katholiken zwei Siebentel aller Kirchen, Gefälle und Hospitälern zusprach, in den Oberamtsstädten jedoch den letzteren eine Kirche aus=schließlich, und, wo nur eine war, das Chor und den Reformirten das Schiff zuwies; den Lutheranern die Mitbe=nutzung der Friedhöfe, Sitz im reformirten Ehegericht und

diejenigen Kirchen und Güter gab, welche sie seit 1624 inne
gehabt; endlich seine protestantischen Unterthanen von allen
anderen als den eignen Ceremonien enthob. Zur Verwah-
rung ihrer Landesherrlichkeit setzte ein jeder der Ganerben
einen Amtmann, seit 1568 Oberamtmann genannt; die
Burglehen vertheilten sie unter wechselndem Vorsitz. Die
städtische Verwaltung war wesentlich dieselbe wie zuletzt unter
den Grafen von Sponheim, aber die Privilegien und Freiheiten der Bürger bestätigte Kurfürst Johann Wilhelm
nicht mehr, sondern behielt sich „gnädigste Resolution" darüber vor. Die Erhebung der Amts- und Stadtgefälle besorg-
ten eigne Empfänger, welche Ausgaben bestritten und den
Rest einem Jeden nach Verhältniß seines Antheils an der
Grafschaft zutheilten. Den großen Zehnten erhoben die
Rheingrafen durch ihre „Keller" in dem Zehntenhofe der
Truchseßkellerei.

5. Die Kurfürsten von der Pfalz 1708—1796.

Da Johann Wilhelm ohne Kinder starb, so ging die
Kur sammt Land und Leuten auf seinen Bruder Karl
Philipp (1716—1742) über. Seine ganze Regierung, von
Jesuiten geleitet, war eine große Kette religiöser Streitigkeiten, von ihm selbst genährt. Die Protestanten schloß er
von allen Landescollegien aus, den reformirten Katechismus
verbot er wegen der achtzigsten Frage bei 10 fl. Strafe für
jedes Exemplar, dem reformirten Kirchenrathe antwortete er
auf seine Beschwerden mit der Wegnahme der heiligen Geistkirche zu Heidelberg und mit der Bestätigung aller den Reformirten im Oberamte Kreuznach und im Unteramte Böckelheim

entzogenen Kirchen, Pfarreien und Gefälle. Da legten sich der König von Preußen, der Kurfürst von Braunschweig, der Landgraf von Hessen, der König von England und selbst der Kaiser mit dem Gebote in's Mittel, „seine reformirten Unter=thanen bei Allem, was ihnen vermöge des Osnabrückischen und Münsterischen Friedens rechtmäßig gebühre, zu schützen," und der Kurfürst sah sich genöthigt, einen Befehl an alle kur=fürstlichen Beamten zu erlassen, den gegründeten Beschwer=den sofort abzuhelfen, und mit der Zurückgabe der heiligen Geistkirche und der Freigebung des reformirten Katechismus voranzugehen. Indessen machten die Oberamtmänner so wenig Miene, dem kurfürstlichen Beispiele zu folgen, daß die Reformirten zu Kreuznach über die Vorenthaltung „des Chors in der Pfarrkirche, des Kirchhofs, der Fabrikgefälle, der Prämiengelder des Gymnasiums, des Glöcnereihauses, der halben Besoldung des Glöcners, des Pfarrhauses in der Klappergasse und der Religionsfreiheit bei gemischten Ehen und Begräbnissen" lange vergebliche Klagen erhoben, bis end=lich eine geschärfte Ordre, worin der Kurfürst mit Dienstent=setzung drohte, die Beseitigung dieser Beschwerden herbei=führte. Der Kurfürst starb 1742 zu Mannheim, wohin er wegen der Händel mit den Reformirten (seit 1720) seine Resi=denz verlegt hatte, und es folgte ihm Karl Theodor von Sulzbach (1742—1799) in der Kur. Dieser vereinigte zu=gleich mit ihr, außer seinem Herzogthum, von seiner Mutter her das Marquisat Bergen op Zoon sammt Stücken von Flandern und nach Maximilian III. Tode (1777) die baier=schen Länder, mit Ausnahme einiger Districte, nebst der fünften Kurstelle mit dem alten Erztruchseßamte, war also

einer der mächtigsten und angesehensten Reichsfürsten seiner
Zeit, wohl im Stande, die Hoffnungen zu erfüllen, die alle
Partheien auf ihn setzten. Viele vortreffliche Eigenschaften,
welche der Kurfürst besaß, schienen auch sichere Vorboten einer
neuen beglückenden Aera für sein Land und Volk zu sein.
Denn er war ein Mann von ausnehmender Güte und Milde,
aber auch voll Nachsicht und Schonung gegen die Vergehungen
derer, welche in seinem Namen das Ruder der Regierung
lenkten; ein Mann der Wissenschaften und voll zarten Kunst-
sinnes, welchem großartige Schöpfungen der Baukunst,
Malerei und Münzkunde, wie die Sternwarte zu Mannheim,
die Academie der Wissenschaften zu Heidelberg, die Kameral-
schule zu Lautern, vor Allem aber die prachtvolle Hofkirche
zu Mannheim mit ihren Marmoraltären aus den Brüchen zu
Stromberg ihr Dasein verdankten, aber dadurch auch der
Verschwendung von ungeheueren Summen beschuldigt. Er
war ein Fürst, der nur wenige Abgaben vom Lande forderte,
aber zu dessen größtem Nachtheile für den standesmäßigen
Unterhalt seiner natürlichen Kinder den Staatsdienst und die
militärischen Subalternstellen käuflich machte; ein Fürst, der
zwar die Gewissensfreiheit liebte und die Rechte der verschiedenen Religionspartheien achtete, aber dennoch die Aus-
schließung der Protestanten vom Staatsdienste bis zur
niedrigsten Hofstelle duldete und die unseligste aller religiösen
Bestrebungen, die Proselytenmacherei, begünstigte. Daß bei
solcher Ausartung der hohen Vorzüge, womit die Natur und
eine feine Bildung den Kurfürsten ausgerüstet hatten, Kreuznach mit der sponheimischen Pfalz nicht mehr die frühere
Blüthe erreichte, bedarf wohl nur der Andeutung. Wohl

war die Stadt Haupt von 35 Städten, Flecken, Dörfern und
Weilern, aber sie selbst, ihrer schönsten Zierden, Freiheiten
und Selbstständigkeit beraubt, bot nur den Anblick eines
Dorfes dar, worin statt der 1800 Familien noch 786 in
600 armseligen Häusern wohnten. Wohl war durch einen
Oberamtmann, Schultheißen, Anwalt und acht Rathsver-
wandte mit einem Stadtschreiber, sowie durch ein Hofgericht
zu Heidelberg für Gericht und Gerechtigkeit gesorgt, aber die
Rechtspflege hatte kein Vertrauen bei denen, die von ihrer
Theilnahme und Leitung ausgeschlossen waren. Wohl war
das jährliche Steuermaß für Stadt und Land gering, aber
immerhin noch eine drückende Last für die Bewohner, welche
nicht einmal ihre im Kriege zerstörten Häuser wieder aufzubauen vermochten. Wohl wurde die städtische Haushaltung
durch die Gemeindebeamten geführt, aber mit Mißtrauen
sahen die Protestanten auf eine Verwaltungsbehörde von
siebenundzwanzig Beamten, unter denen nur zwei Reformirte
waren, obgleich von 3486 Seelen 2300 der protestantischen
Confession angehörten. Unter solchen Umständen wandten
sich viele, später ausgezeichnete, protestantische Männer, wie
v. Carmer, in andere duldsamere deutsche Länder, oder
wanderten nach Amerika aus, wo die Engländer bald alle
Ankömmlinge mit dem allgemeinen Namen Pfälzer be-
zeichneten.

So stand es um Kreuznach, als auch dahin das Gerücht
der französischen Staatsumwälzung drang, welche auf den
blutrauchenden Trümmern der alten morschen Zeit eine ganz
neue schuf. Ganze Schaaren adeliger Flüchtlinge, die ihr
Vaterland verlassen hatten, weil es ihre Wappen zertrüm-

mert und ihre Erblehen vernichtet, überschwemmten 1791 die
Pfalz und bestätigten das Gerücht der Revolution.   Obgleich
Karl Theodor, als neutraler Fürst, ihrem Eindringen in
sein Land zu wehren suchte, so konnte er doch die Gastfreund=
schaft der ritterschaftlichen Orte im Lande nicht verhindern,
und von da aus ergossen sich nun die Emigrés in die pfälzi=
schen Städte.   Verstärkt noch durch das flüchtige Husaren=
regiment royal saxe, rückten sie auch unter dem Prinzen
Condé, 1200 Mann hoch, in Kreuznach ein und blieben da
bis zum Einfalle der Preußen in die Champagne, dem sie
sich anschlossen.   Das war das Vorspiel der kommenden
Ereignisse.

1 7 9 2 erklärte das junge Frankreich den Krieg an Oester=
reich. Mainz ergab sich nach zweitägiger Belagerung der
republikanischen Armee unter Cüstine. Die Preußen, aus der
Champagne zurückgeworfen, rückten 1 7 9 3 in Eilmärschen
gegen Mainz vor. Cüstine schob ihnen ein Corps von 12,000
Mann entgegen, und es entspann sich in Kreuznach's Umgeb=
ungen, besonders bei Stromberg, ein heißer Kampf, worin
der Heldenjüngling Gauvain, preußischer Lieutenant im
Füselierbataillon von Schenke, auf dem Goldenfels den Hel=
dentod fand. Durch die Oesterreicher verstärkt, umgingen
die Preußen das französische Corps und trieben es über die
Nahe nach Mainz zurück, welches sich dem Grafen von Kalk=
reuth ergeben mußte. Aber am Oberrhein von den Franzosen,
welche die Weißenburger Linie durchbrachen, gedrängt, gingen
die Oesterreicher bei Philippsburg über den Rhein zurück,
nöthigten dadurch auch die Preußen zum Rückzuge und zur
Räumung von Kreuznach. Dieses wurde sofort von dem

französischen General Moreau besetzt und am Anfange des
Jahres 1 7 9 4 unbarmherzig gebrandschatzt. Von nun an
verließen die Franzosen, obgleich zweimal von den Preußen
bei Kaiserslautern, von Clairfait bei Mainz und vom Erz=
herzog Karl 1796 bei Amberg geschlagen, die Pfalz nur, um
mit stets erneuerten Kräften zurückzukehren. So wurde sie
nicht nur Zeuge der meisten blutigen Gefechte in den Jahren
1 7 9 4 — 1 7 9 6, sondern sie litt auch furchtbar durch die
beständigen Requisitionen der französischen Heerführer und die
Plünderungen ihrer von Allem entblößten Truppen. Unver=
geßlich werden der Stadt bleiben die Sturmtage im November
des Jahres 1795, da sie der Kampfpreis zwischen dem Rhein=
grafen Karl und dem französischen General Marceau war,
ewig denkwürdig die Decembertage desselben Jahres, da sie
auf's Heldenmüthigste vom Rheingrafen Karl mit den deutschen
Truppen im Angesichte des österreichischen Oberfeldherrn
Clairfait gegen die Sambre= und Maasarmee unter Jourdan
vertheidigt, von Bernadotte, der die Vorhut commandirte,
genommen und darauf breizehn Tage lang der entsetzliche
Tummelplatz von Jourdans zügellosen Banden wurde. Ver=
gebens waren jetzt die Anstrengungen der Oesterreicher, das
verlorene Terrain wieder zu gewinnen; sie mußten sich hinter
die Selz zurückziehen, und sofort erschien der französische
Generaldirector Bella von Trier, um das eroberte Land
nach den Einrichtungen der französischen Republik umzuwan=
deln. Kreuznach wurde Kantonsstadt mit einem Appellations=
gericht und erhielt eine Rechnungscommission zur Ordnung
der nothwendigen Requisitionen für Heer und Generäle. Der
Friede zu Campo formio zwischen Oesterreich und Frankreich

(1797) bestätigte die französische Herrschaft über das linke Rheinufer.

6. Die Franzosen 1797—1814.

Aufgenommen in das Gebiet der französischen Republik theilte Kreuznach von nun an die Schicksale und alle diejenigen Abänderungen, welche der Drang der Ereignisse derselben brachte. Der feierlichen Aufrichtung von Freiheitsbäumen in den neu erworbenen Ländern folgte 1798 ihre durchgehende neue Gestaltung. Kreuznach wurde der dreißigste Kantonsort im Rhein = und Moseldepartement, erhielt eine Municipalverwaltung, bestehend aus einem Commissär, Präsidenten, Agenten, Adjuncten und Secretär, ein Friedensgericht, dessen Acte in französischer Sprache abgefaßt werden mußten, einen Jury zur Leitung des öffentlichen Unterrichts in fünf Kantonen, und hatte sich all den Verordnungen zu fügen, welche der Bürger Rudler Namens der Republik veröffentlichte. Es betrafen diese: die Abschaffung des Klosterlebens, aller öffentlichen Abzeichen des Christenthums, der Amtskleidung der Geistlichen und der Prozessionen, des Adels, der Lehensrechte, Zehnten, Zünfte, Innungen, Titulaturen und Stadtfahnen, und die Einführung der Decaden statt der Sonntagsfeier, der Nationalfeste statt der kirchlichen Feiertage, der Civilstandsregister, Patente, Thür- und Fenstersteuer, des Eides gegen das Königthum und der militärischen Eintreibung der ausgeschriebenen Contributionen. Unterdessen erlosch in Paris das Feuer republicanischer Begeisterung immer mehr; General Buonaparte, aus Aegypten zurückgekehrt, überwältigte die sinkende Macht des Directoriums und den gefährlichen Troz der Fünfhundert mit dem

Säbel ergebener Officiere und dem Bajonette schlagfertiger Grenadiere, und aus dem Strudel der Begebenheiten tauchte 1799 die vierte französische Constitution mit der Consularregierung Buonapartes, Sieyes' und Roger Ducos' auf. Ein Consularbeschluß dehnte 1800 das neue Verwaltungssystem auch auf die vier rheinischen Departements aus, und Kreuznach wurde Kantonsort des Arrondissements Simmern mit einem Friedensgericht für den Kanton und einem Maire nebst zwei Abjuncten (einem für den Civilstand und einem für die Polizei) und einem Municipalrath. Zugleich wurde die Sonntagsfeier wieder eingeführt, der Eid des Hasses gegen das Königthum abgeschafft, die Erklärung der Menschenrechte unterlassen und die Liste der Emigranten geschlossen. Durch den Frieden zu Lüneville zwischen Oesterreich und Frankreich (1801) wurde diesem das linke Rheinufer auch Namens des d e u t s c h e n Reichs überlassen und den beeinträchtigten Reichsfürsten eine Entschädigung zugesagt. Diese erhielt nun auch Karl Theodors Erbe, M a x i m i l i a n J o s e p h von der Bischweiler Linie, reichlich; allein schmerzlich schien die Pfalz die Regierung eines Fürsten zu missen, dessen Religionserklärung von 1799 ihm bereits alle Herzen gewonnen hatte und zu den schönsten Hoffnungen berechtigte. Denn noch vier Jahre nachher (1. Januar 1803) wurde die Neujahrsnacht zu Kreuznach mit Absingung von Liedern zu seinen Ehren begangen, deren eins mit den Strophen begann:

> „Wir singen dem Maximilian
> Und nicht der Tyrannei;
> Wir wünschen Ihm das Neujahr an
> Und bleiben Ihm getreu.

Keiner weiche aus der Zahl,

Jeder bleibe fest wie Stahl;

Nirgends gibt es solchen Mann

Wie Kurfürst Maximilian."

1802 schwang sich Buonaparte zum alleinigen Consul empor, schaffte mehr und mehr alle Verordnungen ab, welche das Gedächtniß an die Republik wach hielten, zog jeden Militärpflichtigen, der sich keinen Ersatzmann stellen konnte, zum Heere heran und veröffentlichte eine neue, von der gesetzgebenden Versammlung entworfene und vom Tribunale angenommene Organisation aller in Frankreich herrschenden Kirchen, die jedoch erst 3—4 Jahre später vollständig in's Leben trat. Nur der Artikel, welcher von der veränderten Bestimmung des Klostervermögens handelte, wurde sogleich angewendet. Danach verfielen die Kapitalien und Güter des Karmeliten- und Franziscanerklosters zu Kreuznach dem Staate, welcher dafür den Mönchen über 60 Jahre eine Pension von 600 Francs und unter 60 Jahren von 500 Francs aussetzte. Im Karmelitenkloster fand man außer den Documenten über ein bedeutendes Eigenthum an Aeckern, Weinbergeu und Gärten einen Kapitalfonds von 16000 fl., 30 Pfund Silber, $1\frac{1}{2}$ Pfund Gold und eine Bibliothek von 1700 Bänden; im Franziscanerkloster außer einigen Kirchengeräthen nur 17 Pfund Silber. Die beweglichen Güter an Getüch, Bettzeug, Mobilien wurden den Mönchen überlassen und die beiden Klöster der katholischen Gemeinde, die sie als Privateigenthum in Anspruch nahm. Die protestantische Kirche erfreute sich bis dahin (1806) einer von dem Unterpräfecten in Simmern, A. von Recum, 1802 entworfenen Kirchen- und Schulordnung, wonach die Inspec-

toren der reformirten und lutherischen Kirchen des Arrondisse=
ments ein gemeinschaftliches Consistorium bildeten, die Amts=
verrichtungen des ehemaligen Kirchenrathes nach den Gesetzen
der Republik und den Beschlüssen der öffentlichen Gewalten
ausübten, insbesondere die innere Polizei der Culten und die
Pfarr = und Schullehrerwahlen unter Dazwischenkunft der
Maires und Vorbehalt der Genehmigung durch den Präfecten
leiteten. 1804 neigte sich Frankreich, geblendet vom
Waffenruhme Buonapartes, zu seinen Füßen, und aus der
Wahlurne der Nation ging der lebenslängliche Consul als
erblicher Kaiser Napoleon I. hervor. Ganz Frank=
reich hallte vom Jubel wieder, womit die Eidesableistung und
Krönung allenthalben gefeiert wurde. Auch Kreuznach schloß
sich demselben an und brachte dem neuen Kaiser bei seiner
Durchreise (Juni und October 1804) seine Huldigungen mit
festlichem Prunke dar, obgleich die auf Wein, Branntwein,
Bier, Salz und Tabak gelegten hohen Abgaben keineswegs
geeignet waren, eine freudige Stimmung zu erwecken. Daran
schloß sich 1805 die wirkliche Einrichtung des katholi=
schen Kirchenwesens mit päpstlicher Zustimmung, wonach die
freie und öffentliche Uebung der katholischen Religion gewähr=
leistet, eine neue Eintheilung der Kirchensprengel gemacht,
Bischöfe und Erzbischöfe vom Kaiser ernannt und vom Papst
bestätigt, die Seelsorger von den Bischöfen bestellt, Stiftun=
gen für Kirchen erlaubt, die noch nicht verkauften Gebäude
diesen zurückgegeben, die Rechte der Regierung in geistlichen
Sachen bestimmt, weder Bullen, noch Befehle von Legaten,
noch Gesetze von Kirchenversammlungen ohne Genehmigung
der Regierung erlaubt, Eine Liturgie und Ein Katechismus

für die ganze katholische Kirche Frankreichs festgesetzt, eine
Eintheilung in Diöcesen getroffen, Seminarien und Kapitel
errichtet, vier Hauptfeste ohne die Sonntage (Ostern, Pfingsten,
Mariä Himmelfahrt und Allerheiligen) festgehalten, die
Klöster abgeschafft, das Cölibat beibehalten und öffentliche
Gebete für Kaiser und Land gehalten wurden. Es folgte
1806 die neue Gestaltung der lutherischen und 1807 der
reformirten Kirche, welche beiden Freiheit des Gottesdienstes
und gleiche bürgerliche Rechte mit den Katholiken, den Lutheranern Oberconsistorien, Seminarien, Inspectionen und
Localconsistorien und den Reformirten Seminarien, Synoden
und Localconsistorien zusicherte. Indessen kam es ebenso
wenig bei den Reformirten zu Generalsynoden, als bei den
Lutheranern zu Generalconsistorien und Inspectionen. Der
damalige Präfecturrath Jacobi leitete Namens des kölnischen
Generalconsistoriums als Oberpräsident das lutherische Kirchen = und Schulwesen. Vollständig organisirt wurden die
Localconsistorien beider protestantischen Confessionen. Sie
wurden gebildet aus den Pfarrern und 25 Notabeln eines
Bezirks unter einem Präsidenten und hatten die Befugniß zu
Allem, was der ehemalige Kirchenrath versah. Außerdem
erinnert sich die Stadt aus der Kaiserzeit noch lebhaft zweier
wichtiger Ereignisse, einmal des 1810 von dem Maire
Burret errichteten Jahrmarktes, dessen Treiben wir oben geschildert haben, sodann des kostbaren Weines von 1811,
den seitdem noch kein Kometenwein übertroffen hat. 1812
ertönte wieder die Trompete des Krieges. Rußland galt es
dießmal. Der Kampf mißlang, und das neunundzwanzigste
Bülletin vom Jahre 1812 verkündigte das große Unglück

Frankreichs auf Rußlands Schneefeldern. An Rußland schloß sich 1813 Preußen für die deutsche Sache; Alles gibt, Alles, was wehrhaft ist, eilt zum heiligen Kampfe; auch Oesterreich wird mit fortgerissen in den Strudel der Begebenheiten, und auf Leipzigs Ebene erbleicht Napoleons Stern in viertägiger Völkerschlacht vom 16.—19. October 1813. In wilder Flucht eilte das geschlagene Heer dem Rheine zu, warf zwar die Baiern noch bei Hanau in die Kinzig, aber namenloses Elend führte es mit sich: Hunger, Blöße, Wunden und als Zugabe ein tödtliches Fieber, welches wie die Pest allenthalben hin folgte und auch Kreuznach Tod und Unheil brachte. Da erschienen am Anfange des Jahres 1814 die Vorboten einer besseren Zukunft, die Preußen, welche bei Bacharach den Rhein passirt hatten, unter dem Feldmarschall Blücher und Prinzen Wilhelm von Preußen in Kreuznach, welches sie mit Jubel begrüßte; bald darauf auch österreichische und baierische Truppen und endlich die Russen. Alle drangen mit vereinten Kräften in Frankreich ein, und, begeistert durch einen Aufruf des Generalgouverneurs Gruner, schlossen sich auch, außer der ausgehobenen Mannschaft, viele Freiwillige des Arrondissements und der Stadt Kreuznach einem Feldzuge an, welcher im Frieden zu Paris (30. Mai 1814) Frankreich auf seine alten Grenzen zurückwarf. Die abgetretenen Provinzen zwischen Rhein, Mosel, Saar und Frankreich besetzten österreichische und baierische Truppen; eine, beiden gemeinschaftliche, provisorische Landesregierung nahm ihren Sitz zu Kreuznach, und machte sie zum Mittelpunkt eines äußerst regen und vortheilhaften Verkehrs. Da floh Napoleon von Elba und fachte die Fackel des Krieges von Neuem an. Ehe dieser indessen (18. Juni 1815) bei Belle=Alliance entschieden wurde, nahm Preußens König, Friedrich Wilhelm III. († 1840), auf Grund der Wiener Congreßacte durch eine Proclamation vom 5. April 1815 Besitz von den Rheinlanden, und am 1. Juni 1815 wurde der preußische Adler am Stadthause zu Kreuznach angeheftet. Damit war die französische Herrschaft dort zu Ende.

Es läßt sich gar nicht in Abrede stellen, daß dieselbe in vielfacher Beziehung dazu beitrug, die Stadt wieder zum alten Flor emporzuheben. Denn alle Erzeugnisse des Bodens fanden durch die beständigen Truppendurchmärsche und ihre ungeheuern Bedürfnisse einen schnellen und guten Absatz; ein bedeutender Fruchthandel nach dem Innern Frankreichs warf reichen Gewinn ab; das Fabrikwesen wurde durch das Verbot englischer Waaren, insbesondere des Tabaks und Zuckers, außerordentlich befördert; die Einfachheit der Verwaltung erleichterte das bürgerliche Leben und die der Gesetzgebung den Prozeß ungemein; die argen Mißstände früherer religiöser Zwietracht wurden durch die vollständigste Religions = und Gewissensfreiheit beseitigt und die öffentlichen Abgaben durch die Leichtigkeit des Erwerbs nicht schwer empfunden. Dagegen muß man auch zugestehen, daß aller Erwerb, der aus der Dauer des Krieges floß, nur ein künstlicher und auf dieselbe beschränkt war; daß diese Geißel der Menschheit dem Bürger zwar oft schönen Gewinn brachte, aber zugleich auch seine eigenen Söhne für Pläne des Ehrgeizes zur Schlacht= bank entführte; daß die einträglichen höheren Stellen der Verwaltung und des Gerichts meist nur den Fremden zufielen; daß die deutsche Zunge aus den Bureaux wie aus den Höfen der Justiz verdrängt wurde; daß die Culten zwar ganz frei waren, aber für den Raub der Kirchengüter vom Staate nur 500 Fr. jährlicher Pfarrbesoldung bezogen; daß die Volks= schulen über den militärischen Erziehungsanstalten gänzlich vergessen wurden; daß sich der allerdings unbedeutenden Grundsteuer noch das Enregistrement, die Stempel=, Thür=, Fenster=, Erbschafts=, Salz=, Mobiliar= und andere Steuern zugesellten und an Gehässigkeit Nichts gleich kam den soge= nannten Droits réunis, daß endlich die Tabaksfabriken, kaum aufgeblüht, durch Napoleons Monopolsystem wieder zu Grunde gerichtet wurden. So blickte jetzt nach kurzer provi= sorischer Verwaltung Alles mit Spannung auf:

7. Die Könige von Preußen, von 1815 bis jetzt.

Kurz war der letzte Kampf der Verbündeten mit Napoleon, ehrenvoll auch für Kreuznach, weil es sich mit einem Land= wehrbataillon und einer Compagnie freiwilliger Jäger daran betheiligte. Kaum war aber die Kriegstrompete verstummt, als Friedrich Wilhelm III. zur Organisation der neu erworbenen Länder schritt, die Rheinprovinz in die fünf Regierungsbezirke: Düsseldorf, Köln, Koblenz, Trier und Aachen theilte, dem Bezirke Koblenz die 28 Kantone des französischen Rhein= und Moseldepartements, 19 nassauische Aemter und die Grafschaft Wetzlar in 12 Kreisen unterord= nete und jedem Kreise einen Landrath vorsetzte, von welchem sämmtliche Kreisbeamten und die Bürgermeister der Einzelge= meinden ressortirten. Kreuznach wurde der Sitz eines Land= rathes für den Kreis gleichen Namens, welcher damals über 50,000 Einwohner und 202,600 preußische Morgen Landes

enthielt, und eines Oberbürgermeisters für die Stadt und
die nahen Salinen, damals kaum 8000 Seelen mit etwa
1700 Nummern von Gebäuden aller Art. Dem Oberbürger=
meister zur Seite trat ein von der Bürgerschaft gewählter
Magistrat oder Stadtrath; zu seiner Vertretung wurden
zwei Adjuncte bestimmt, und die Polizei einem eigenen städti=
schen Commissär zur Handhabung übergeben. — Die geist=
lichen Angelegenheiten der protestantischen Kirchen, bisher
von Localconsistorien geleitet, wurden den Händen eines
Provinzialconsistoriums und der ersten Abtheilung der könig=
lichen Regierung in Koblenz übergeben, die Verwaltung der=
selben aber in den einzelnen Kreisen Superintendenten über=
tragen. Kreuznach wurde 1817 Sitz zweier solcher Superin=
tendenturen für die beiden protestantischen Culten. In die=
sem Jahre forderte der König nach seinem eigenen Vorgange
auch diese zur Union oder Glaubensvereinigung auf. Noch
im October beschlossen die Geistlichen der beiden Superinten=
denturen Kreuznach die Union zu Einer evangelischen
Kirche und setzten sie mit Zustimmung ihrer Gemeinden am
Reformationsfeste unter großen Festlichkeiten in's Werk. Es
bestand dieselbe aber nicht, wie irrthümlich noch geglaubt
wird, in einer Vereinigung über gewisse bisher von einander
abweichende Worte (Vater unser und unser Vater; erlöse
uns vom Uebel und erlöse uns vom Bösen; das ist mein
Leib oder Blut und das bedeutet meinen Leib oder mein
Blut), auch nicht in einer Verschmelzung der beiderseitigen
Kirchenvermögen, sondern wesentlich darin, daß die
Unterscheidungslehren der einen Confession von der anderen
keinen Grund mehr abgäben, diese von ihren kirchlichen

Segnungen auszuschließen. So blieb es, bis 1835 die gesammte evangelische Kirche der Rheinprovinz und West= phalens durch Kabinetsordre vom 25. März eine wesentlich veränderte Gestalt erhielt. Die Einführung einer allgemeinen Landesagende begleitete eine neue kirchliche Gesetzgebung, welche die bisherige Consistorialverfassung mit der Presby= terialverfassung verschmolz, in jeder Ortsgemeinde durch freie Wahl Repräsentanten, Presbyterien und Deputirte zu einer Kreissynode, und für die Provinz eine Provinzialsynode unter dem Beisitz eines königlichen Generalsuperintendenten, zur Einreichung von Anträgen in Kirchensachen an die Staats= behörde hervorrief. Die Befugnisse dieser kirchlichen Behör= den wurden genau bestimmt; den Repräsentanten und Pres= byterien gemeinschaftlich die Beschlußnahme über das Grund= eigenthum der Gemeinden, Gehaltszulagen und Ausschläge, und die freie Predigerwahl oder doch ein Votum bei Besetzung der Pfarrstellen durch das Consistorium anheimgegeben; den Presbyterien insbesondere die Handhabung der Kirchenzucht in der Gemeinde, die Aufnahme der Confirmanden, die Er= theilung von Kirchenzeugnissen, die Verwaltung des Kirchen=, Pfarr= und Armenvermögens und Sitz und Stimme in der Kreissynode durch den Pfarrer und einen Kirchenältesten; den Kreissynoden unter dem Vorsitze eines auf sechs Jahre ge= wählten Directoriums Vorschläge an die Provinzialsynode, welche, aus den Superintendenten, einem geistlichen und weltlichen Deputirten der Kreissynoden gebildet, sich unter einem gewählten Directorium alle drei Jahre versammeln sollte. In Folge dieser Kabinetsordre trat die evangelische Synode Kreuznach im Mai 1833 zum ersten Male daselbst

zusammen und wählte zum Superintendenten derselben auf's
Neue den Pfarrer Schneegans daselbst, durch seine deutschen
Gesinnungen und eblen Bestrebungen für Kirche und Schule
ebenso geehrt von seinem Könige, als durch seine bisherige
amtliche Thätigkeit im weiteren Kreise seines Bezirks und im
engeren Zusammenleben mit seiner Gemeinde allgemein ver=
ehrt. Ihn deckt seit 1852 die Erde seiner Vaterstadt, aber
sein Gedächtniß wird in ihren Annalen fortleben, so lange es
wahre Liebe zum Vaterlande und ächte Treue im Leben gibt.
— Das katholische Kirchenwesen des ganzen Bezirks Koblenz
fiel dem aus gemischten Räthen zusammengesetzten rheinischen
Consistorium anheim, wurde aber 1822 auf Grund eines mit
dem Papste abgeschlossenen Concordats dem bischöflichen
Stuhle zu Trier übergeben und durch denselben in eilf Deca=
nate und neunundzwanzig Kantonspfarreien getheilt. Kreuz=
nach wurde dabei Sitz eines Kantonspfarrers und Dechanten.
— Diesen kirchlichen Anordnungen reihte sich 1836 durch des
Königs Gnade auch eine Verbesserung der äußeren Lage der
Pfarrer des linken Rheinufers an, wobei die geringste Ein=
nahme einer evangelischen Pfarrstelle auf 350, später 400
Rthlr., und einer katholischen auf 260, später 300 Rthlr.
jährlich erhöht wurde.

Friedrich Wilhelm III., durchdrungen vom Nutzen einer
allgemeinen Volksbildung, begann alsbald auch mit der Er=
richtung von Gymnasien und rief 1819 ein solches zu Kreuz=
nach mit einem Zuschusse von 3000 Rthlrn. ins Leben. Zur
Ausbildung von Schullehrern des Bezirks Koblenz stiftete er
Seminarien zu Neuwied und Brühl, und die Wirkung des
hieburch hervorgebrachten besseren Unterrichts zeigte sich bald

6 *

schon auch darin, daß die Gemeinden, denen die Sorge für Schulfonds obliegt, in Städten wie auf dem Lande sich die Errichtung guter Schulhäuser und besserer Lehrerbesoldungen angelegen sein ließ. Auch Kreuznach blieb seit 1828 darin nicht zurück, wie seine Schulgebäude und Lehrerbesoldungen beweisen. Die Aufsicht über das Schulwesen erhielt in inneren Angelegenheiten der Ortspfarrer mit dem Presbyterium unter dem Kreisschulinspector, in äußeren der Bürgermeister unter dem Landrath, alle unter der königlichen Regierung. Bestimmter und umfassender wurde das Schulwesen 1835 geregelt. Dadurch erhielt jede Pfarrschule einen gewählten Ortsschulvorstand unter dem Vorsitze des Pfarrers in innern und des Bürgermeisters in äußeren Angelegenheiten, um als Organ des Schulinspectors oder Landraths und als nächster Vorgesetzter des Lehrers für die Befolgung höherer Anordnungen zu sorgen, die Schule zu besuchen, auf die Ausführung des vorgeschriebenen Unterrichtsplanes und einer vernünftigen Schulzucht, das sittliche Betragen der Kinder außer der Schule, den regelmäßigen Schulbesuch und die Einhaltung der bestimmten Schulzeit zu wachen, die Anschaffung der Schulutensilien für die armen Kinder zu beantragen, auf Erhaltung des Schulgebäudes und pünktliche Anfertigung der Schulversäumnißlisten zu achten, über die Verwendung der Versäumnißgelder zu bestimmen, so wie überhaupt ein besonderes Augenmerk darauf zu richten, daß der Lehrer in seinen Schülern ächt christliche Frömmigkeit, Anhänglichkeit an König und Vaterland und den Sinn der Gesetzlichkeit erwecke und befestige. Diese neue Schulordnung trat 1836 zu Kreuznach und in den übrigen Kreisschulen ins Leben. —

Auch die Organisation der Rechtspflege in der Rheinpro=
vinz erfolgte allmählig. Unter Beibehaltung des französischen
Gesetzbuches blieb bis 1819 der Instanzenzug von den Frie=
densgerichten des Kreises an das Kreisgericht zu Simmern
und von da an den Appellations = und Revisionshof zu Köln ;
allein 1820 wurde, nach Aufhebung der beiden letzteren, ein
rheinischer Kassations = und Revisionshof zu Berlin und ein
Land = und Handelsgericht zu Koblenz errichtet. Das Frie=
densgericht zu Kreuznach, welches blieb, umfaßt die Bürger=
meistereien Kreuznach, Hüffelsheim, Langenlonsheim und
Mandel. Neben dieser Rechtspflege in Civilsachen blieb auf
Erkenntniß eines Anklagesenats in Criminalfällen ein Jüry
aus den Höchstbesteuerten des Landes in jährigen Sitzungen.
— In Betracht der schwierigen Lage des preußischen Staats
an den äußersten Grenzen des deutschen Reichs wurde das
preußische Recrutirungssystem auch in der Rheinprovinz ein=
geführt. Danach muß jeder waffenfähige junge Mann nach
dem zwanzigsten Lebensjahre in die Armee eintreten, um in
dreijähriger Dienstzeit für den Krieg ausgebildet zu werden ;
jedoch ist diese Zeit für junge Leute, die sich den Wissenschaf=
ten oder einem höheren Gewerbe widmen, auf ein Jahr
beschränkt, wenn sie vor dem zwanzigsten Lebensjahre die
Kenntnisse eines Gymnasialschülers der zweiten Klasse nach=
weisen. Die Entlassenen sind noch zwei Jahre Kriegsreser=
visten, treten dann ins erste Aufgebot der Landwehr, worin
die abgehenden Officiere durch ausgeschiedene Einjährige ersetzt
werden, und nach dem zweiunddreißigsten Lebensjahre in das
zweite Aufgebot, welches bis zum neununddreißigsten Lebens=
jahre zur unmittelbaren Vertheidigung des Vaterlandes im

Inlande verpflichtet ist und im äußersten Rothfalle noch von einem Landsturm aus allen wehrhaften Männern bis nach vollendetem fünfzigsten Lebensjahre und vom siebzehnten ab= wärts unterstützt wird. In Folge dieser Einrichtung, die sich durch die gemeinsame Dienstpflicht aller Stände zugleich als treffliche Schule für die allgemeine Nationalbildung bewährt hat, und durch die beständige Thätigkeit, worin sie den jungen Mann erhält und an Fleiß und Arbeitsamkeit gewöhnt, wurde die aus der Linie entlassene Mannschaft des Kreises Kreuz= nach dem 29. Landwehrregiment zugewiesen. — Bei der weiteren Organisation der Rheinprovinz wurde Kreuznach Sitz eines Kreisphysikus, von welchem die übrigen Aerzte und Wundärzte des Kreises ressortiren, eines Hauptsteuer=, Post= und Aichungsamtes. — Endlich berief der König auf Grund einer Ordre vom 1. Juli 1823 im Jahre 1824 Provinzial= stände, um an den Berathungen über solche Gesetze Theil zu nehmen, welche die persönlichen und Eigenthumsrechte, mit Einschluß der Besteuerung, betreffen. Dazu entsandte auch der Kreis Kreuznach seitdem seine Deputirten, bis 1848 der Sturm des Volksaufstandes jene Institution wegraffte und die jetzt bestehende preußische Verfassung mit zwei Kammern brachte. — Friedrich Wilhelms Fürsorge für die neuerworbe= nen Rheinlande zeigte sich aber wahrhaft landesväterlich bei dem Mißwachs und der Theuerung im Jahre 1816. In sei= ner Ordre vom 15. November d. J. sagt er: „. . „Ich habe nicht allein dem Staatsministerio heute befohlen, die von eini= gen Nachbarstaaten angeordnete Getreidesperre und andere Erschwerungen der Ausfuhr gegen gedachte Provinzen in voll= kommenem Maße zu erwiedern, sondern auch, außer dem

bereits erfolgten Ankaufe einer Quantität von 3000 Wins=
peln Roggen für gedachte Provinzen, einen noch weit beträcht=
licheren Ankauf von Roggen durch den Finanzminister ange=
ordnet und dazu vorläufig die Summe von zwei Millionen
Thaler auf Meine Kasse angewiesen. Von diesem Getreide
bestimme ich einen beträchtlichen Theil für die Rheinprovin=
zen." In Folge dessen langten alsbald auch 48,734 Berliner
Scheffel ostseeischen Getreides an, wovon den Pfarrern der
linken Rheinseite 1062 Scheffel unentgeltlich, den Armen des
Rheines und der Nahe der Rest nebst 2991 Scheffeln Rentei=
früchten zu 3 Rthlr. 1 Sgr. per Scheffel gegeben wurde. So
löste der König das Wort, welches er 1815 von Wien aus
den Rheinländern zugerufen hatte:

„Ihr werdet gerechten und milden Gesetzen gehorchen;
Eure Religion werde ich ehren, ihre Diener auch in der äuße=
ren Lage zu verbessern suchen; die Anstalten des öffentlichen
Unterrichts auch für Eure Kinder herstellen, einen bischöflichen
Sitz, eine Universität und Bildungsanstalten für Geistliche
und Lehrer unter Euch errichten, durch eine regelmäßige Ver=
waltung des Landes Euern Gewerbfleiß beleben, neue Quel=
len des Erwerbs zu eröffnen bemüht sein, die Steuern mit
Eurer Zustimmung reguliren, die Militärverfassung nur auf
die Vertheidigung des Vaterlandes richten, durch Organi=
sation einer Landwehr in Friedenszeiten dem Lande die Kosten
der Unterhaltung eines größeren stehenden Heeres ersparen."

Alle diese Bemühungen Friedrich Wilhelms III. um des
Landes Wohlfahrt, wobei Handel, Gewerbe und Ackerbau
von Jahr zu Jahr sich hoben und blühender wurden, konnten
nicht verfehlen, ihm die Herzen seiner neuen Unterthanen zu

gewinnen und, während unter seiner Regierung öfters nah
und fern der Aufruhr in hellen Flammen loderte, vielfache
Beweise der Anhänglichkeit und Treue gegen ihn und sein
Haus zuzuziehen. Höchst glänzend und herzlich war daher
auch der Empfang, welcher 1833 dem damaligen Thronerben
Friedrich Wilhelm von der Stadt bei seiner Durchreise berei=
tet wurde. Als Friedrich Wilhelm IV. (1840—1860)
bestieg dieser seines Vaters Thron. Was dieser begonnen
hatte aufzubauen, das suchte der Sohn, Stein auf Stein
fügend, der Vollendung näher zu führen. Eine feine Bildung
mit besonderer Vorliebe für die classischen Werke der Bau=
kunst, Bildhauerei und Malerei, ein ritterlicher Charakter
und ein reicher unter dem weisen Regiment seines Vaters
gesammelter Schatz von Erfahrungen unterstützten ihn unge=
mein bei seinem Streben nach Volksbeglückung und Verherr=
lichung seiner Regierung durch bewunderte Werke der Kunst
und Anstalten der Wissenschaft. Wer kennt nicht die zahl=
reichen, von ihm geförderten Bauten im edelsten Baustile?
Wer stände nicht staunend vor dem unter seinem Protectorate
renovirten Kölner Dom? Wer bewunderte nicht sein Feen=
schloß Stolzenfels am Rhein? Aber die Zeit geht rascher als
des Menschen Wille und ein Funke richtet oft einen verheeren=
den Brand an. Vom Vatican flog diesmal der Funke durch
Frankreich, verzehrte das morsche Gebälk des corrumpirten
Staatsgebäudes und durchzuckte wie ein electrischer Strom
auch das bedächtige, ruhige deutsche Gemüth. Aus dem
bald heller bald dunkler aufflackernden Feuer ging auch für
Preußen eine neue Staatsform hervor: Friedrich Wilhelm IV.
war es, der sie im Drange der Zeit gab und Preußen in die

Reihe der conſtitutionellen Staaten einführte. Aber wie auf jeden Schlag in der Regel ein Rückſchlag erfolgt, ſo trat auch in Preußen bald an die Stelle der Action die Reaction, welche die errungenen Freiheiten des Volks vielfach verkümmerte und Mißvergnügen von vielen Seiten hervorrief. Da trat in Folge ſchwerer Erkrankung des Königs ſein Bruder die Regent= ſchaft und 1861 nach ſeinem Tode als Wilhelm I. die Herrſchaft über Preußen an, lenkte durch Berufung anderer Räthe das Ruder des Staats in die verlaſſene Bahn wieder ein und erweckte durch entſchiedeneres Auftreten Preußens in der deutſchen Sache für dieſe auch in weiteren Kreiſen beſſere Ausſichten in die Zukunft. Daran knüpfen ſich für Kreuznach noch zwei andere Hoffnungen: einmal daß ſeine, unter Preußens Königen entdeckten und in Aufnahme gekommenen, Mineralquellen ſich eines ſtets wachſenden Rufes erfreuen möchten, ſodann daß die durch Preußens Regierung geför= derte und unterſtützte Rhein=Nahebahn ihr immer zahlreichere Kurgäſte zuführen und überhaupt zu ſeinem Emporblühen mehr und mehr beitragen möge.

V. Kreuznach ehedem.

1. Des Namens Urſprung

iſt ebenſo dunkel, als Kreuznach's älteſte Vorzeit. Cruce= nachen, Crucenahe, Creuznahe, Creuznach, lateiniſch Cruci= niacum, Crucenachum, Crucinatium, Ara crucis, griechiſch Σταυρονησος, Σταυροπολις, holländiſch Cruishoute heißt die Stadt in alten Urkunden, Karten und Schriftſtellern.

Die Sage erzählt, Constantin, der Große, habe dort eine
Kapelle, Crucis ara genannt, erbaut, die er der Stiftskirche
des Jessus in Speier, einem Werke der frommen Kaiser=
mutter Helena, übergeben, und dabei sei ein Ort entstanden
mit Namen „Kreuznahe." Tritheim berichtet, daß einst zwei
Juden einen siebenjährigen Knaben nach der Wolfshecke
gelockt, getödtet und sein Blut aufgefangen hätten; der auf=
gefundene Leichnam sei dann nach dem benachbarten Orte
gebracht und nach vergeblicher Erwartung eines Wunders mit
großen Ehren auf dem Pfarrkirchhofe hinter dem Chor an der
Stelle begraben worden, wo man ein steinernes K r e u z
errichtet, welchem „K r e u z n a h e" seinen Namen verdanke.
Diesen und anderen Sagen von der N ä h e des Ortes an
einem aufgerichteten oder aufgefundenen K r e u z e gegenüber
steht nur das fest, daß die altdeutsche Endsilbe a ch (lateinisch
aqua) Wasser bedeutet, Kreuznach also ein K r e u z am
W a s s e r.

2. Der Stadt Ursprung und die Heidenmauer

hängen wahrscheinlich genau mit einander zusammen. Unge=
fähr zehn Minuten vor dem Mühlenthore nahe an der Eisen=
bahnbrücke liegt nämlich ein schiefwinkliches Viereck von etwa
4000 Fuß im Umfange, dessen Fundamente mit einem alten,
25 Fuß hohen Mauerstück im Bau des Mantels mit schräg
neben= und übereinander gefügten Steinen sogleich auf römi=
sches Kastenwerk zurückführen. Die eigenthümliche Gestalt
desselben und die vielen hier aufgefundenen römischen Münzen
von allen römischen Kaisern und den meisten Kaiserinnen in
Silber, Groß=, Mittel= und Klein=Bronze, so wie die aus=

gegrabenen römischen Geräthe, Denksteine, Altäre und Abbilder
(z. B. ein Januskopf) bestätigen unwiderlegbar, daß hier ein
römisches Winterlager gestanden, dessen Erbauer vermuthlich
schon Claudius Drusus war (12 v. Ch.). So wie nun häufig
solchen Kastellen, weil sie größere Sicherheit und leichteren
Unterhalt darboten, Dörfer und Städte am Rhein ihren
Ursprung verdanken, so mögen sich auch um das Kastell zu
Kreuznach Menschen gesiedelt und Weiler gebildet haben.
Alte Mauerstücke und Thürschwellen, auf beiden Seiten der
Heidenmauer entdeckt, verrathen noch dieses Anbaus unzwei-
deutige Spur. Ohne Zweifel theilte derselbe das Loos des
Kastells bei seiner Erstürmung durch die Deutschen oder Hun-
nen, wie oben (IV. 1.) schon ausgeführt ist, und stand wie
dieses auf einer Insel. Denn aus der Abschüssigkeit des Bo-
dens auf der östlichen und westlichen Seite, aus den von
Fischern im heutigen Flußbette aufgefundenen Bausteinen und
Brückenresten und dem noch sichtbaren Bette eines anderen
Naharms östlich vom Hackenheimer Thore zu schließen, muß
in uralter Zeit die Nahe sich schon an der Salinenbrücke
getheilt, und, während der eine Hauptarm seinen heutigen
Lauf nahm, der andere Seitenarm sich längs dem Hasenreck
durch die Planiger Ebene ergossen und erst an der rothen Ley
mit jenem vereinigt haben. Da nun ohne Zweifel über beide
Naharme zwei Brücken führten, so läßt eine andere Sage
durch diese, das Kastell und die Naharme die Gestalt eines
Kreuzes entstehen und die Ansiedelungen Crucis - Navae oder
Crucis-Nahae (lat. Cruciniacum) d. i. Kreuznach genannt
werden.

3. **Ein Königspalast auf dem fränkischen Kammergute Kreuznach** kommt schon im Jahre 819 vor, da Ludwig, der Fromme, mit seiner zweiten Gemahlin Judith und seinen Kindern sich von Ingelheim nach seinem „Palaste zu Kreuznach" begab, um von da über Bingen und Koblenz nach den Arden= nen zur Jagd zu gehen. In demselben (Crucinacio in pala= tio) bestätigte er 838 einen Gütertausch zwischen der Abtei Fulda und dem Grafen Boppo und 839 eine Schenkung etlicher Güter im frisischen Gaue Westracha an seinen getreuen Gerulph. Da er an der Grenze von Austrasien lag und gegen die häufigen Ueberfälle der Normannen (um 882) allmählig befestigt worden sein mag, so wurde er auch „Ostroburger Palast" oder „Ostroburg" kurzhin genannt. Je mehr indessen der Palast zu Ingelheim an Ansehn gewann, desto mehr ver= lor daran die Ostroburg, und sank zuletzt bis zur Pfalz herab d. i. einem Aufenthaltsorte der Grafen, die darin in des Königs Namen Recht sprachen. Da zogen 893 die Norman= nen, sengend und brennend, über Bingen und Kreuznach hin und zerstörten ihn von Grund aus, so daß kein Stein mehr die Stelle anzeigt, wo er einst gestanden. Deßhalb läßt ihn der Chronist (Andreä) auf dem alten Heidenkastell errichtet gewesen sein. Allein dann müßte er auch den gewaltigen Umfang desselben eingenommen haben, was nicht glaublich ist; sodann wären nicht in geringer Tiefe so viele römische Münzen, Thränen= und Aschenkrüge und selbst Menschen= gerippe innerhalb jenes Raumes aufgefunden worden, son= dern es würden dieselben beim Ueberbaue des Palastes gewiß mit dem Schutte weggeräumt worden sein. Es muß sein Standort also anderswo gesucht werden, und zwar westlich

nach der Stadt hin, jedoch unfern auf derselben Nahseite. Denn in einem Rathsprotocoll vom 27. October 1603 heißt es: „Osterburger Güter liegen bei der Heidenmauer, sind den Bürgern eigen, müssen aber den Rheingrafen den dritten Theil von Allem, was darauf wächst, es sei, was es wolle, jedes Jahr abgeben." Dieser „osterburger Zins" war aber nicht das einzige Anner des Palastes auch nach seiner Zerstörung, sondern es waren noch damit verbunden: die Gerichtsbarkeit und das Patronat der Pfarrkirche mit den Zehnten. Die Gerichtsbarkeit bestand in dem Rechte, das die Gaugrafen über die Burgmannen übten, die sich um die Osterburg in erhaltenen Burglehen ansiedelten; das Patronat in der Verleihung der Pfarrei St. Kilians und zu Unserer Lieben Frau so wie mehrerer anderer geistlichen Lehen; der Zehnte endlich im zehnten Theile der Bodenerzeugnisse der Kreuznacher Gemarkung. Diese Privilegien und Nutzungen hatten sich die Gaugrafen, als Vertreter der königlichen Landesherrlichkeit im Königspalaste, allmählig zu eigen gemacht und vererbt; durch die Grafen von Schmidtburg kamen sie 1113 bei einer Theilung an eine jüngere Linie, die Grafen von Velbenz, durch diese lehnsweise 1217 an die Rheingrafen, und durch diese endlich 1698 käuflich an Kurpfalz.

Das fränkische Kammergut Kreuznach, worauf der Palast gestanden, erscheint urkundlich in der Stiftungsurkunde der St. Bartholomäuskirche zu Frankfurt vom Jahre 882, worin Karl, der Dicke, derselben den neunten Theil sämmtlicher Gefälle seiner „villa indominicata Crucenaha" schenkte, dann in dem Bestätigungsbriefe derselben Schenkung durch Kaiser Otto II. vom Jahre 974, und endlich in der falschen Schenkungsurkunde der „villa regia Crucenacum" an die Stiftskirche zu Speier durch Kaiser Heinrich IV. vom Jahre 1065. Dieser gab darin dem Bischof Einhard zugleich die Gerichtsbarkeit, offenbar nicht die osterburger, sondern die übrige über das Dorf (villa Crucenacus), welche bisher die Grafen von Sponheim als Reichslehen besessen hatten und nun abgeben mußten.

4. Das Dorf Kreuznach.

Nach der Zerstörung des alten Heidenkastells und mit dem Neubau des Königspalastes werden sich ohne Zweifel die Einwohner mit ihren Wohnungen um diesen herum gesiedelt haben und zwar, nachdem sich der rechte Naharm allmäh= lig in sein heutiges Bett hinabgeschoben hatte, dem fischreichen Flusse entlang, so daß in kurzer Zeit die Altstadt entstand und das ehemalige Dorf nur noch alte Reste von Mauerstücken in den Gärten außerhalb derselben hinterlassen hat. Als solches (villa Crucenacus) tritt es einer Ueberlieferung nach schon zu Dagoberts Zeiten auf, urkundlich aber erst unter Karl, dem Großen, da Karlmann dem Bisthume Würzburg die St. Martinskirche im „Dorfe Kreuznach" geschenkt, dann 822 und 889, da Ludwig, der Fromme, und Kaiser Arnulph diese Schenkung bestätigten, endlich in der zwar falschen, aber der Sache nach richtigen Schenkungsurkunde Kaiser Hein= rich IV. vom Jahre 1065, worin schon Zölle, Münzen und Mühlen aufgeführt werden. Zwei andere Mühlen erhielt der Rheingraf Wolfram am Anfange des dreizehnten Jahr= hunderts von den Grafen von Veldenz als Lehen, und zu derselben Zeit versuchten es die Grafen von Sponheim, durch

ben Bau einer neuen Burg auf der rechten Nahſeite ihre
Herrſchaft auch dahin auszudehnen, wurden aber auf die
Beſchwerde des Bisthums Speier, daß dies auf ſeinem Eigen=
thum geſchehe, von Reichswegen daran gehindert: Beweiſe
genug, daß da bereits Handel und Gewerbe in dem auf=
blühenden Orte ſich regten.

5. Kreuznach als Stadt (oppidum).

Zum erſten Male kommt Kreuznach als Stadt (oppidum)
in einer Urkunde des Ritters Gerold von Boſenheim 1203
vor, worin dieſer dem St. Petersklofter fünf Morgen Wein=
berge in Belz (einer Berglage) „in dicto oppido Crucenacte“
ſchenkte. Sodann werden diejenigen, welche 1237 die Münze
zu Kreuznach vom Domkapitel zu Speier pachteten, Stadt=
bürger (cives) genannt, und in einem Schenkungsbriefe des
Grafen Simon von Sponheim an den St. Peter 1247 be=
zeichnet er Kreuznach als civitas d. i. eine mit vollſtändigem
Gemeindeweſen verſehene Stadt. Im Jahre 1270 wurde
der Bürgerſtand zu Kreuznach ſchon für ſo wichtig gehalten,
daß Johann, der Lahme, von Sponheim, einem Wildgrafen
zuſagte, Niemanden ſeiner Leute in die Stadt zum Pfahlbür=
ger aufzunehmen, und neun Jahre darauf (1279) kommen in
einer für den Karmeliter ausgefertigten Urkunde wirklich
Schultheiß, Bürgermeiſter und Schöffen (Scultetus, Consules, Scabini) von Kreuznach vor. Jetzt bedient ſich auch
Johann, der Lahme, in einer 1281 für daſſelbe Kloſter aus=
geſtellten Urkunde des Inſiegels der Stadt, und nach ihm
1323 Rheingraf Johann bei einem Vertrage über den Zehn=
ten der Stadt. Dieſes Inſiegel enthält in einem Wappen,

deſſen Kopf mit Helm und Thürmen beſetzt iſt, ein ſchwarz und weißgeſchachtes Band, unter dem ein weißes Kreuz in ſchwarzem Felde erſichtlich iſt. Die ſteigende Wichtigkeit der Stadt erhellt noch daraus, daß 1291 der ſechſte Theil des Zehnten auf 100 Malter Siligo d. i. feiner Waizen jährlichen Ertrags gerechnet wurde. Indeſſen fragt's ſich, ob darin auch die Neuſtadt begriffen ſei. Gewiß war bis 1241 die linke Nahſeite noch wüſte und leer; höchſtens bot wildes Geſträuch auf einem von der Nahe und dem Ellerbach durchwäſſerten Boden dem Wilde eine Zuflucht dar. Da bauten zuerſt die Grafen von Sponheim ein Jagdſchloß an der Stelle, wo 1772 der Baumeiſter Senger ein Burghaus bewohnte (an der Poſt), und dabei eine Kapelle, heilige Kreuzkirche zum St. Nicolas genannt, welcher der Karmeliter ſeinen Urſprung verdankt. Daran reihte ſich zuerſt eine Mühle, die bald darauf käuflich an die Bürger überging, welche ſich in der Nähe angeſiedelt hatten. Nun erſcheinen in der erwähnten Urkunde von 1279 Consules d. i. Bürgermeiſter, deren ſpäter jeder Stadttheil einen wählte. Es muß alſo damals die Neu= ſtadt ſchon ziemlich bedeutend geweſen ſein. Indeſſen wird ſie urkundlich erſt 1309 als „nova civitas" d. i. Neuſtadt in einem Beſtätigungsbriefe der Schenkungen erwähnt, welche Graf Johann II. der Burgkapelle zu Kreuznach machte. Im Jahre 1323 war ſie jedoch ſchon ſo bevölkert, daß die Kilians= kirche in der Altſtadt ihre Pfarrkinder nicht mehr zu faſſen vermochte, und deßhalb die Wörthkirche zu Unſerer Lieben Frau entſtand.

6. Der Stadt Burgen.

Die Ursache des raschen Emporkommens der Neustadt lag
gewiß in der vorangegangenen Errichtung zweier Burgen
durch die Grafen von Sponheim. Die eine davon, schon
1270 in einem Gütertausche zwischen dem Grafen Johann
von Sponheim und Ingebrandt von Monzingen erwähnt,
stand noch 1393 unterhalb des Hofgartens, wurde aber später
von den Pfalzgrafen von Simmern in einen großartigen
Palast, der Simmerische genannt, verwandelt, dessen
Fronte eine große Strecke der Hochstraße einnahm und ihre
kolossalen Fensterumrisse auf mächtige Säulen stützte. Als
Herzog Ludwig Heinrich von Simmern 1673 kinderlos starb,
eignete sich ihn seine Wittwe Maria, Prinzessin von Oranien,
blos für die darin verwendeten Reparaturen zu und vermachte
ihn mit dem Oranierhof an Kurbrandenburg. 1689 wurde
er von den Franzosen eingeäschert; doch fanden seine Reste
mit den zugehörigen Gütern noch einen Pächter an dem Herrn
von Carmer und 1748 einen Käufer an Kurpfalz, die ihn
bis zur Versteigerung besaß.

Die andere Burg, das Bergschloß auf dem
Kauzenberg, wird zwar erst 1303 in einer Urkunde erwähnt, worin Johann II. seiner erkorenen Braut, der Wildgräfin Susanna von Kyrburg, sein Schloß „Crucenachen"
mit 300 Mark kölnischer Pfennige auf Wiederkauf zur
Heirathsgabe und zum Witthum verschrieb; doch ist sie sicherlich schon um 1270 von den Grafen von Sponheim, wahrscheinlich während des großen Interregnums, gegen das
Faustrecht des Mittelalters errichtet worden, weil überhaupt
dahin das Entstehen der meisten Burgen in Deutschland gehört.

Indessen darf ihr Bau nicht viel früher angenommen, am
wenigsten mit dem Chronisten (Andreä) in's neunte Jahr=
hundert hinauf verlegt werden, weil erst 1309 einer Kapelle
dabei gedacht wird, die Grafen von Sponheim aber bei ihrem
bekannten Eifer für Gotteshäuser nicht Jahrhunderte lang
mit der Kapelle bei der Burg gewartet hätten. Diese hieß
auch kurz „die steile Burg" und galt wegen des schroffen
Bergrückens, von dem sie in's Thal hinabblickte, und der
Sicherheit, die sie in ihren Kasematten der Besatzung darbot,
für eine der stärksten in Deutschland, empfand aber nichts
destoweniger im dreißigjährigen Kriege öfters die verderbliche
Gewalt des Geschützes und unterlag 1689 durch die Franzosen
vollends ihrem Schicksale.

7. Der Burgen Burgmannen und der Bürger Gerechtsamen.

Unter dem Schutze jener festen Burgen und gelockt durch
die Gewährung großer Vortheile, siedelten sich sehr bald nicht nur
freie Bürger, sondern auch eine große Anzahl adeliger Fami=
lien theils in eigenen Häusern, theils in erhaltenen Burglehn=
häusern an und bildeten zusammen die Neustadt. Der Burg=
mannen Privilegien, 1393 von der Gräfin Elisabeth
von Sponheim und ihrem Gemahle Ruprecht, Pigan genannt,
auf's Neue bestätigt, waren: abgabenfreier Weinzapf, freie
Einfuhr des Weines und Getreides zu eigenem Gebrauche,
so wie aller außerhalb der Gemarkung selbstgezogenen Weine,
zollfreier Getreideverkauf außer zwei Hellern per Scheffel,
unentgeldliches Bauholz aus dem Soon nebst freiem Stamm=
recht, freie Eichelmastung daselbst für alle Schweine zum
Hausbedarf und Exemtion von städtischer Herrschaft und Ge=

richtsbarkeit. Der Bürger Gerechtsamen bestanden in der Freiheit vom Besthaupte und von der Verpflichtung, mit den Benachbarten Steine zu setzen, so wie in dem Rechte, keine Leibeigenen zu dulden, keine außerhalb der Gemarkung gezogenen Weine zum Zapf zuzulassen, keinen Verkauf von Auswärtigen außer am Samstage zu gestatten und alle gemachte Schulden nur in der Stadt zu zahlen und zu rechtfertigen. Den Metzgern insbesondere noch bewilligte Johann, der Lahme, zu dankbarem Gedächtniß an M. Morts Heldenthat, abgabenfreie Einfuhr des Schlachtviehes und steuerfreien Weinzapf. Auch die Burgmannen waren noch besonders lehnsweise mit Höfen, Gütern und Geldzinsen begünstigt. So waren da: die v. Altendorf mit zwölf Gulden jährlicher Zinsen, die Arnolde mit fünfzehn Gulden aus der Disibodenberger Kellerei, die Bauer von Bollenhofen mit einem Erbburglehnhaus beim Barfüßer Kloster, einem Morgen Baumfeld am Kronenberg und zehn Gulden Manngeld und nach ihnen (1601) die v. Mornau; die Beyser von Bingen mit einem Burglehnhaus, einer Scheune und einem Hofe, zwei Hofstellen und einigen Ländereien, die v. Koppenstein mit zwei Burghäusern, Gütern und Zinsen und nach ihnen (1559) die Freiherren v. Hacke und die v. Walbecker; die v. Dienheim mit Haus und Höfen, die Freyen von Dern mit Burghaus und Gütern, die von Eheim mit Burghaus, die v. Elz, reich begabt mit Burghäusern, Weinbergen und Aeckern, und nach ihnen die von Blittersdorf, die Senger, Waldner und Achenbach; die Greiffenklaue zu Vollraths mit einem Manngeld, die Göler von Ravensberg mit einem Burghaus, die v. Hunolstein, v. Harbung = Patrick = Albon,

7 *

v. Hauwenhuth, v. Kesselstadt, v. Lewenstein, v. Leyen,
v. Reibold, v. Rüdesheim, v. Nackheim, die Sanecke v. Walded,
die Stumpfe v. Walded, die Saur, Schlör und Tolner, alle
mit Burghäusern; die Grafen von Ingelheim mit Haus,
Gütern und Zinsen, die Rheingrafen auf Kyrburg und Dhaun
mit Häusern, Gärten, Aeckern und Zehntenscheune in der
Neustadt, die Grafen von Isenburg mit dem Kronenberger
Hof, der mit dem Lehn Altenbaumberg vergeben wurde, und
die v. Sassenroth, mit einem Haus im Bangert, welches an
die v. Huntheim, dann an die v. Harbung, hierauf an die
Fürsten von Anhalt-Dessau, von diesen an Herrn v. Bangert
und endlich käuflich an Herrn v. Recum überging, dessen
Söhne noch im Besitze sind. Auch die übrigen Burglehen
wurden meist noch von den Adeligen bei der Franzosen Ankunft
aus freier Hand verkauft.

8. Der Stadt Brücken, Mauern und Ringgräben.

Mit dem Entstehen der Neustadt paarte sich alsbald auch
das Bedürfniß einer leichten und bequemen Verbindung mit
der Altstadt. So wölbte sich denn bereits 1332 in acht Bogen
die heutige steinerne Nahebrücke über die beiden Flußarme
und die von ihnen gebildete Insel; denn in der Stiftungsurkunde der Wörthkirche zu Unserer Lieben Frau heißt es:
„obwendig der steinen Bricken." Ebenso mußte auch die Un-
bequemlichkeit, welche durch öfteres Anschwellen des Ellerbachs entstand, mit dem Aufbau entfernt werden. Dies geschah theils durch die Sprengung dreier Bogen, welche durch
Ueberbauten verdeckt wurden, theils durch die zweibögige
Zwingerbrücke an den Gerbereien. An die festen Burgen

schloß sich der Zeit nach auch bald die Befestigung der Stadt durch tiefe Gräben und feste Ringmauern, durch welche sechs Thore einführten. Im Jahre 1334 konnte sie schon dem kriegerischen Erzbischofe Balduin von Trier, der sie hart be= lagerte, solchen Widerstand leisten, daß er unverrichteter Sache wieder abziehen mußte. Die im dreißigjährigen Kriege von den Spaniern noch mehr befestigten Mauern wurden im Orleans'schen Erbfolgekriege sammt ihren Thürmen an vielen Stellen niedergerissen und die damals meist verschütteten Gräben seitdem in Gärten umgewandelt.

9. Der Stadt Hospitäler.

Die so schnell wachsende Zahl der Einwohner erforderte schon frühzeitig eine Zufluchtsstätte für arme, kranke und sieche Menschen. Schon 1310 findet sich daher bei St. Ki= lianskloster ein Hospital vor, dessen Kapelle damals ein Bürger von Kreuznach vor Schultheiß und Schöffen begabte. Ein zweites Siechhaus existirte vor Zeiten am Zwinger und ein drittes für Krätzige oberhalb der Ellerbach= brücke. Das Alles ist längst verfallen. Dagegen stiftete der Kurfürst Karl Theodor 1781 am Hackenheimer Thore für die drei Confessionen ein noch bestehendes gemeinschaftliches Hospital, dessen Verwaltung abwechselnd von einem Katho= liken und Reformirten mit einer Besoldung von 100 Gulden jährlich geführt wurde. Im Jahre 1819 aber wurde dieselbe einer Commission von sechs Gliedern unter dem Vorsitze des Oberbürgermeisters übergeben und eine wesentlich veränderte Einrichtung im Innern getroffen. Denn es wurde nicht nur den Stadtarmen, sondern auch gegen eine billige Entschädig=

ung Kranken aus dem ganzen Kreise und weiterhin Aufnahme
gestattet; ferner für solche Hospitaliten, welche auch bei vor-
gerücktem Alter noch arbeitsfähig sind, eine Spinnanstalt,
Korbflechterei und Seidenzucht errichtet, deren Erlös ihnen
verabreicht wird; dazu trat noch eine Irren= und Badeanstalt,
ein im Winter geheizter Aufenthaltsort und zu billigem Preise
ein Speisetisch für Stadtarme, und endlich die nicht weniger
erwähnenswerthe Bestimmung, daß unbemittelten Kranken
die Arzneien aus Hospitalmitteln bestritten und den Haus=
armen auf den Vorschlag der Stadtviertelmeister aus dem
Ueberschusse des eigenen Bedarfs aus den jährlichen Hospital=
revenüen von circa 10,000 Rthlrn. Zuschüsse zum Unterhalte
gegeben werden sollten.

10. Der Stadt Kirchen, Klöster und Kapellen.

Die St. Martinskirche.

Vor dem Binger Thore, wo die Straße sich scheidet, steigt
ein mäßiger Nebenhügel auf, von dem heiligen Bischof von
Tours St. Martinsberg genannt. Da stand im achten Jahrhundert eine Kirche von Karlmann oder Karl, dem Großen,
dem Bisthum Würzburg geschenkt, worüber Ludwig, der
Fromme, 822 und Kaiser Arnulph 889 Bestätigungsurkunden
ausstellten. Noch 1401 kommen Gefälle des Andreasaltars
der Martinskirche vor; seitdem aber verschwindet sie aus den
Urkunden, und nur alte Mauerreste und Särge, vor dreißig Jahren dort beim Roden ausgegraben, zeigten die Stelle, wo urkundlich Kreuznach's erster Gottesdienst gefeiert wurde. Benedic-
tinerinnen sollen ein dazu gehöriges Kloster bewohnt haben.

St. Kilianskloster und Kirche.

Die St. Kilianskirche — von einem Kloster ist dabei keine Rede — lag urkundlich „extra muros" d. i. außerhalb der Stadtmauer. Da die Rheingrafen das Patronat darüber hatten, so muß sie zur alten Osterburg gehört, also gegen die Heidenmauer hin gelegen haben. Deßhalb fällt die Zeit ihres Aufbaues auch mit dem Entstehen der Osterburg zusammen, und kann, wie v. Wibber glaubt, das Domstift Würzburg, dessen Patron St. Kilian war, aus diesem Grunde ihr Stifter nicht gewesen sein. Der Rheingraf Johann rettete sie vom Verfalle und Graf Johann II. von Sponheim beschenkte sie 1332 mit einer Gülte von zwanzig Scheffeln Korn und einem Fuder Wein; ja noch 1401 werden etliche Altarpfründen „St. Kiliani extra muros Crucinach" d. i. der St. Kilianskirche vor der Stadtmauer erwähnt. Sie war bis 1332 Pfarrkirche der Stadt, konnte aber zuletzt die Einwohner aus beiden Stadttheilen nicht mehr fassen, weßhalb Johann II. von Sponheim die Wörthkirche baute und ihre Einkünfte mit Einwilligung der Rheingrafen, als Patrone, auf diese übertrug.

St. Augustinerianenkloster zum St. Peter.

Außerhalb der Stadt, der Elisenquelle gegenüber, an der Stelle des Hôtels Oranienhof stand schon 1196 ein Kloster, dem St. Peter geweiht, worin Augustinerinnen nur dem Himmel lebten. 1203 von Ritter Gerold von Bosenheim mit Weinbergen im Belz und zu Ippesheim und 1297 von Grafen Simon von Sponheim beschenkt, erhielten sie 1297 abermals einen Wohlthäter an ihrem Schutz= und Kastenvogte, dem

Rheingrafen Werner, der ihnen zu besserer Lebsucht drei Acherstücke „die Blinde, Gehren und Frechen" gab; ja sein Sohn Sifrid überließ ihnen 1323 sein Vogteirecht für 300 Pfund Heller. Da wählten sie 1324 zu ihrem Schutzherrn den Grafen Johann II. von Sponheim, der sie 1311 mit einer Schenkung von zehn Mark Heller bedacht hatte, und dieser übernahm durch Urkunde vom 8. December 1324 der heiligen Jungfrauen Schutz und Schirm. Dasselbe that Graf Walram 1340. Doch schon 1437 waren sie in so übelm Rufe und so sehr aller Existenzmittel beraubt, daß sie in andere Klöster auswandern mußten, und der St. Petersitz vom Papste Eugen IV. dem Kloster zu Schwabenheim überwiesen wurde. Allmählig sammelten sich die Augustinerinnen, des Lebens in der Fremde überdrüssig, unter dem Namen „Mutter und Convent zu Kreuznach" in der Clusen = Buben= kapelle am Eingange der Mühlengasse wieder, ließen sich vom Probst Hermann von Battenberg 1491 in die verlassenen Räume des Klosters zurückführen und 1495 durch Erzbischof Berthold von Mainz förmlich wieder einsetzen. Da löste auch Rheingraf Johann V. (1495) von der Aebtissin Elisabeth von Bettendorf die Advocatie wieder ein. Die Windesheimer Congregation, die um dieselbe Zeit entstand und auch in St. Peter eingeführt wurde, bürgte für strengere Zucht und eine Mutter mit vier Schwestern aus dem abgebrannten Klösterchen Vallenbrück mehrte den Orden. In Folge der Reformation auf Samstag, den 9. Februar 1566, ließen Kur= pfalz und Baden den Jungfrauen durch den Oberamtmann des Klosters Ende ankündigen und jede einzeln fragen, ob sie „gehorsamlich den Habit ändern und andere ehrliche Kleider

tragen nach Landesart und Ehrbarkeit, auch der Meß und
all ihrem Anhang sich müßigen, Gottes Wort hören und sich
wolle darin unterweisen lassen." Sämmtliche Nonnen mit
der Mutter Ottilia und der Untermutter Maria von Aich
erklärten sich dazu bereit, aber, heißt es in dem Bericht:
„Agnes von Debach (27 Jahre alt) hielt hart, die Kutt aus-
zuthun; Margareth von Bosenheim (22 Jahre alt) ist auch
halsstarrig gewesen; Maria von Benhach (23 Jahre alt) ist
auch lang herumgegangen; Judith von Bosenheim (20 Jahre
alt) will die Kutt austhun, kam sie aber hart an," und
schließlich: „Ottilia von Schwabenheim (22 Jahre alt) will
Habitum mutiren und ein fromm Kindlein sein." Zwei Jahre
darauf mußte die Aebtissin Kloster und Gefälle an Kurpfalz
und Baden abtreten. Die flüchtigen Nonnen fanden erst in
der St. Margarethenklause zu Mainz, dann im Augustiner-
kloster zu Eibingen und endlich durch Erzbischof Wolfgang im
Agnesenkloster des heil. Augustin zu Mainz Schutz und Obdach.
Während des dreißigjährigen Krieges (1624) wurde der
St. Peter von den Spaniern mit Augustinermönchen aus dem
Kloster Schwabenheim bevölkert, aber nach dem westphälischen
Frieden wieder von ihnen geräumt. Nun verfiel das Gebäude,
bis Pfalzgraf Ludwig Heinrich es seiner Gemahlin Maria von
Oranien schenkte, die eine Holländerei daraus schuf und sie
ihrem Kammerherrn Kalk v. Wartenberg vermachte. Durch
seine Nachkommen kam diese in Privathände, die ein pracht-
volles Hôtel mitten in der reizendsten Umgebung an ihre
Stelle setzten.

Das Karmelitenkloster zum heil. Nicolaus.

Bald nachdem die Grafen von Sponheim durch das Jagd=
schloß in den Weiden für ihr Vergnügen gesorgt hatten, be=
dachten sie auch ihrer Seele Nothdurft und bauten dabei eine
Kapelle zu Ehren des heil. Nicolaus, heilige Kreuzkirche ge=
nannt, seit ihr das Kloster Sponheim vier Stückchen des
heiligen Kreuzes geschenkt hatte, wovon drei ½ Fuß und eins
7½ Zoll lang, alle aber 1½ Zoll breit und ½ Zoll dick
waren. Johann I. von Sponheim, kreuznacher Linie, und
seine Gemahlin, Adelheid von Leiningen, übergaben 1281
Kapelle sammt Reliquien den jüngst verbreiteten Karmeliten,
die sich eifrigst für den Klosterbau bemühten und dem vollen=
deten von ihrer Kleidung den Namen „das schwarze Kloster“
erwarben. Der Convent desselben, bald dreißig Köpfe stark,
erhob sich schnell zu hohem Ansehen, nicht nur durch seine
reichen Einkünfte, die er zu Kreuznach und in vielen umliegen=
den Ortschaften bis nach Sobern hin besaß, sondern auch
durch seine Gelehrsamkeit, worin sich besonders Johann Fust
(um 1370), Herbrant von Düren (1410) und Nicolaus von
Alsenz (1495) auszeichneten. Viele adelige Familien, wie
die v. Leyen (1385), die Fuste v. Stromberg (1395) bedachten
das Kloster mit Anniversarien und anderen Stiftungen; ja
die Pfalzgräfin=Elisabeth erkor sich 1417 den Prior desselben
unter die Truwenholder d. i. Executoren ihres Testaments.
Allein 1565 schlug auch dem Karmelitenkloster die verhängniß=
volle Stunde; seine Mönche wurden flüchtig, und ihr Sitz im
Jahre 1570 in ein reformirtes Gymnasium umgewandelt.
1623 durch den spanischen General Verdugo auf der Infantin
Isabelle Befehl zurückgeführt, 1631 von den Schweden ver=

jagt, 1635 von den Franzosen zur Versehung der katholischen Pfarrei angestellt, 1652 von dem Pfalzgrafen Ludwig Philipp wieder vertrieben, erwirkten sie durch Baden einen Vergleich, wonach sie Kloster und Einkünfte mit den Reformirten theilen sollten, und 1666 einen neuen Vertrag, wodurch sie das Kloster allein erhielten und Baden zur Erbauung eines reformirten Gymnasiums 400 Rthlr. hergab. Da ein Bürger von Langenlonsheim, Hubert, 1000 Rthlr. dazu schenkte, so errichteten die Reformirten dasselbe neben dem Kloster; allein 1689 warfen die Franzosen den Rector Fideisen sammt Lehrern hinaus und übergaben es verwüstet den Karmeliten. Diese verwandelten den Platz in Gärten, erhielten 1692 von dem französischen General de la Gouppeliere auch den reformirten Theil der Klostereinkünfte und erlangten 1708 die Bestätigung des Kurfürsten Johann Wilhelm davon. Seitdem versahen die Karmeliten die katholische Pfarrei und eröffneten im Kloster eine deutsche, seit 1717 auch eine lateinische Schule. Als 1802 die Franzosen alle Klöster unterdrückten, ereilte auch den Karmeliter sein Schicksal.

Das Franziskanerkloster des heil. Wolfgang.

In der Altstadt, wo heute das Gymnasium ist, begannen zwischen 1471 und 1476 der Kurfürst Friedrich und der Pfalzgraf Friedrich den Bau eines Klosters zu Ehren des heil. Franziskus. Da sie selbst denselben nicht mehr vollenden konnten, weil sie der Tod übereilte, so überließen sie die Ausführung 1484 den minderen Brüdern (fratribus strictioris observantiae), und diesen half dabei ein Wunder. Ein kreuznacher Bürger hatte nämlich das Bild des heil. Wolfgang in Holz geschnitzt und in der neuen Kirche aufgestellt. Bald kam dies in den Ruf der Wunderthätigkeit und bewirkte einen solchen Zufluß der Menschen, daß sich in kurzer Zeit die from= men Spenden der Wallfahrer in ein prächtiges Kloster ver= wandelten. Nun stellten die Mönche, der Ruhe und der Dürftigkeit Freunde, das Bild weg; es verschwanden die Wunder und verlief sich das Volk. Dagegen gewann das Kloster zu Ende des fünfzehnten Jahrhunderts an Ruf der Gelehrsamkeit durch die trefflichen Abhandlungen und Reden des Mönchs F. Wyler. Im Uebrigen theilte es des Karme= liters Schicksal. 1565 eingezogen, 1620 den Franziskanern zurückgegeben, 1631 wieder weggenommen, wurde es 1652 durch ein Concordat zwischen dem Pfalzgrafen Ludwig Philipp von Simmern und dem Markgrafen Wilhelm von Baden den Franziskanern zurückgestellt, „so daß es nit über acht Ordens= brüder, die Leyenbrüder mit ingerechnet besitzen und der öffentliche katholische Gottesdienst darin abgehalten werden solle." Der Kurfürst Johann Wilhelm theilte den Franzis= kanern die katholische Gemeinde der Altstadt und den Karme= liten die der Neustadt zu, und gab jeder Pfarrei aus den ein= gezogenen geistlichen Gefällen 130 Gulden Geld, 20 Malter Korn und 6 Ohm Wein. Dabei blieb es bis zur Aufhebung der Klöster durch die Franzosen 1802.

Die St. Kilianskirche zu Unserer Lieben Frau und die Pauluskirche auf dem Wörth.

Zwölf Jahre (von 1768—1780) waren erforderlich, um mit großen, zum Theil aus milden Beiträgen niederländischer und schweizer Glaubensbrüder gedeckten Kosten aus dem

Schutte Orleans'scher Zerstörung eine Kirche wieder aufzu=
bauen, die, um mit v. Wibber zu reden, in der Pfalz wenige
an Größe und äußerlichem Ansehen ihres Gleichen haben mag,
aber an Unzweckmäßigkeit und inneren Mängeln nicht leicht
von einer anderen übertroffen wird. Errichtet auf den Fun=
damenten des Schiffes einer einst ebenso prachtvoll in rein
gothischem Stile erbauten, als wegen ihres herrlichen Ge=
läutes weithin gerühmten Kirche, bildet sie einen auffallenden
Contrast gegen das nebenanstehende, in eine englische Kirche
verwandelte Chor, und auch ihre sichtbaren inneren Verände=
rungen konnten Mängel nicht beseitigen, die in der Bauart
des Ganzen begründet sind. Die Geschichte der Kirche ist nicht
ohne Interesse. Schon König Dagobert soll zu Ehren der heil.
Maria auf dem Wörthe ein später in ein Chorstift umgewan=
deltes, dann verfallenes Kloster gestiftet und dadurch den
Grund zur Wörthkirche gelegt haben. Allein es ist dies ebenso
unerwiesen, als die Angabe v. Wibbers unrichtig, daß die
Gräfin Elisabeth von Sponheim die Erbauerin der Wörth=
kirche gewesen sei; vielmehr steht urkundlich fest, daß Graf
Johann II. von Sponheim um der „Ehehaften, Noth, Ange=
legenheit und großen Brast" der neuen Stadtseite willen,
deren Pfarrkinder außer dem weiten Kirchengange nach der
Pfarrkirche St. Kilians oft noch denen der Altstadt nachstehen
mußten, mit Zustimmung seines Bruders Simon III. und
Neffen Walram zu Ehren der heiligen Jungfrau, St. Martins
und Kilians auf dem Wörthe, seiner Kauzenburg gegenüber,
eine Kirche gebaut, auf die er mit Bewilligung des Erzbischofs
Balduin, damals Verwalters des erzbischöflichen Stuhles zu
Mainz, und der Rheingrafen, als Patrone der alten Pfarr=

kirche, deren sämmtliche Einkünfte und Rechte mit den Altar=
pfründen St. Martins übertrug. Der Kirchenpatron zu
Unserer Lieben Frau hatte nicht nur die Vergabung
dieser Pfarrei, sondern auch anderer Pfründen. Denn bei
einem Streite zwischen den Rheingrafen Johann IV. und
Gerhard mit ihrem Oheim Friedrich verglichen sich 1431 beide
Partheien auf abwechselnde „Vergebung der Pastorei Kreuz=
nach und der übrigen geistlichen Lehen," und 1506
gab Rheingraf Arnold von Salm dem Johann Hepp den
Consens, „seine Altarpfründen zu St. Katharin mit Kilian
Weinheim zu vertauschen." Die Einkünfte der Pfarrei
schätzte Papst Nicolaus 1550 auf fünfzig Mark Silber jährlich
ab, weßhalb es selbst hohe Prälaten, Grafen und Adelige
nicht verschmähten, sich um die fette Pfründe zu bewerben.
So gestattete Papst Nicolaus V. 1450 dem Jacob v. Sirk,
Pfarrer zu Kreuznach, auch noch als Erzbischof von Trier
zur Bezahlung der Schulden seines Bisthums im Besitze der
Pastorei zu bleiben; selbst die Rheingrafen hatten ein Haus=
gesetz: „Wenn einer oder der anderen Linie Herren vorhanden
seien, welche sich zu geistlichen Aemtern schickten, sollten selbi=
gen diese Lehen vorzüglich gegeben werden." So war Rhein=
graf Konrad, Erzbischof von Mainz, auch Pfarrer von Kreuz=
nach. Mit dem Patronat war der Zehnte verbunden. 1291
schon zu 600 Malter Waizen allein geschätzt, wurde er zum
sechsten Theile für 120 Metzer Pfennige verpfändet. 1363
versetzte Rheingraf Johann II. dem Grafen Heinrich von
Veldenz 100 Malter Waizen und 10 Fuder Wein für 1750
Pfund Heller, und 1443 verkaufte der Wild= und Rheingraf
Friedrich mit seiner Gemahlin Lucard von Eppenstein einen

anderen Theil an Friedrich von Lewenstein. Als sich 1461 die Rheingrafen Johann und Georg mit Friedrich, dem Siegreichen, gegen den Herzog Ludwig von Zweibrücken und Velbenz verbanden, mußte sich der Kurfürst gegen sie urkundlich verpflichten, ihnen den Schaden zu erseßen, den sie etwa durch Ludwig an dem Lehen der Pastorei Kreuz= nach erleiden würden. 1698 verkauften endlich die Rhein= grafen Patronat sammt Zehnten an Kurpfalz, mit Aus= schluß des freiherrlich v. Ifselbachschen Sechstels, und diese blieb im Besitz bis zur französischen Herrschaft. — Die weiteren Schicksale der Wörthkirche sind traurig. Nach= dem Kurfürst Ludwig III. die Altäre der heiligen Bilder beraubt hatte, übergab Ludwig VI. die Kirche (1577) den Lutheranern, Pfalzgraf Johann Kasimir aber (1584) den Reformirten. Diese erhielten sich unter mancherlei Wechsel während des dreißigjährigen Krieges in ihrem Besitze bis 1689, da die Franzosen im Orleans'schen Kriege die Brand= fackel hineinwarfen und sie der Zerstörung preisgaben. In die Trümmer theilten sich nach der Religionserklärung die Katholiken und Reformirten so, daß jenen das Chor, diesen das Schiff zufiel. Als (1768—1780) auf diesem die neue reformirte Kirche erbaut wurde, schonte man die alten Grabmäler nicht, sondern zertrümmerte sie alle. Dagegen finden sich solche noch in dem besser erhaltenen Chor, näm= lich: des Grafen Simon IV. von Sponheim († 1414), des Rheingrafen Konrad, der Gemahlin Rudolphs v. Leyen († 1408), Hermann Stump's v. Waldeck († 1412), Main= hards v. Koppenstein († 1503) u. A. m. Am Rührendsten ist das Grabmal der Rheingräfin Lucard und ihrer zwei

Kinder mit der Umschrift: „Anno Domini MCCCCLV.
XIV die mensis Augusti obiit Nobilis Domina Lucart
de Eppenstein Comitissa Reni et Godfridus Comes Reni
et Lucart ejus liberi quorum animae requiescant in pace.
Amen. (Im Jahre 1455 am 14. August starb die edle
Herrin Lucard v. Eppenstein, Rheingräfin und Gottfried,
Rheingraf, und Lucard, ihre Kinder, deren Seelen in Frieden ruhen mögen. Amen.) Die Mutter ist als Büßerin
verhüllt und in betender Stellung mit vorgehaltenem Rosen-
kranz, das Junkerlein vor ihr in Rittertracht knieend und
das Fräulein mit geschmücktem Haupthaar und in falten-
reichem Gewand dargestellt. Links ist das Eppensteiner
Wappen und rechts sind die vier Löwen der Rhein = und
Wildgrafen.

Die Burg = oder Schloßkapelle

wurde 1309 von dem Grafen Johann II. von Sponheim
neben seiner Kauzenburg mit der Bedingung errichtet, „daß
sie der Wörthkirche nicht zum Nachtheile gereichen dürfe."
1311 dotirte er sie mit Bewilligung seines Bruders Simon
mit einer Rente von zwanzig Maltern Korn, zwei Mark
Heller Geld und einem Fuder Wein, und 1330 erweiterte
er diese Schenkung mit dem Beisatz, daß bei jeder Vacanz
der nächste und älteste Erbe, dem die Burg gehöre, dem
Domprobst zu Mainz einen neuen Priester vorstellen solle.
Im Uebrigen theilte sie der Burg Schicksale.

Außerdem kommen noch urkundlich vor: eine Hospi-
talkapelle bei St. Kilian vor dem Mühlenthor, 1310
von einem Bürger der Stadt vor Schultheiß und Schöffen

beschenkt; eine Kapelle am Eingange der Mühlengasse (Clu=
sen=Bubenkapelle), 1371 von Johann III. von Spon=
heim erbaut, vom Erzbischof Johann I. eingeweiht und dem
Kloster Schwabenheim übergeben; ein Agnesen= und ein
Katharinenstift, deren Standorte unbekannt sind, und
die Disibodenbergerei=Kapelle am Rüdesheimer Thor, deren
1148 Papst Eugen III. gedenkt.

Ehemals lutherische Kirche.

Als die Lutheraner im Wechsel andersgesinnter Kurfürsten
aller ehemaligen Besitzungen verlustig gegangen waren, blieb
ihnen zur Abhaltung ihres Gottesdienstes Nichts übrig als
die durch freie Gnade der Rheingrafen eingeräumte Zehnten=
scheune. Da faßten sie den Entschluß, sich selbst ein Gottes=
haus zu erbauen, und führten ihn (1698—1701) theils aus
Collecten auswärtiger Gemeinden, theils mit eigenen Bei=
trägen und Frohndiensten mühsam aus. Es ist die heutige
zweite evangelische Pfarrkirche in der Petersgasse.

An diesen Abschnitt knüpft sich noch die

11. Geschichte der Stadtpfarreien Kreuznach's.

Aus ihrem Patronat über die alte Pfarrkirche St. Kilians
und die neue Marienkirche auf dem Wörth leiteten die Rhein=
grafen ihr erstes Anrecht auf deren Altarpfründen für sich
und ihr Haus, „so sich einer zum geistlichen Amte schicke," her.
Doch versahen weder sie noch die anderen hohen Herren und
Prälaten, denen sie die Pfarrei aus besonderer Gunst über=
trugen, deren amtliche Verrichtungen, sondern betrach=
ten dieselbe, wie dazumal viele andere erlauchte Häuser

Deutschlands und heute noch viele englische Pfarrer, die fette Stelle als eine Sinecüre, deren Honig sie selbst ohne Mühe sogen, während sie des Amtes Sorgen untergeordneten Seel=sorgern übertrugen, die sie vom geistlichen Gerichte zu Mainz bestätigen ließen. Solche Pfarrer rheingräflichen und anderen herrlichen Geschlechts bis zur Reformation waren: Rheingraf Ulrich (1310), Rheingraf Konrad (1375), Rheingraf Kon=rad II., Erzbischof und Kurfürst zu Mainz (1408), Erzbischof und Kurfürst Jacob v. Sirk zu Trier (1450), die Rheingrafen Gerhard (1457), Friedrich (1490), Arnold von Salm (1506) und Jacob († 1557), nach dessen Tode der Rheingraf Philipp Franz die Pfarrei dem lutherischen Pfarrer Chr. Stollberger übergab.

Der katholische Gottesdienst in Kreuznach

nach der Reformation bis zum dreißigjährigen Kriege war ganz in die Klöster zurückgedrängt, und die Pfarrei öfters unterdrückt. Damals aber erhob die katholische Kirche auf's Neue ihr Haupt und machte sich unter dem Schutze der sieg=reichen katholischen Waffen bald allein geltend, bald schien sie, sobald deren Glück sank, wieder dem Untergange nahe. End=lich 1652 schloß der katholische Markgraf Wilhelm von Baden mit dem Pfalzgrafen Ludwig Philipp von Simmern einen Vergleich, wodurch auch den Katholiken für alle Zukunft freie Religionsübung in den beiden Klöstern zum heil. Nicolaus und heil. Wolfgang zugesichert, die katholische Kirche in das letztere verlegt und von dem ersteren bedungen wurde, „daß keine ordentliche Pfarrei daraus gemacht werde." So blieb es mit kurzer Unterbrechung im Orleans'schen Kriege, bis

Kurfürst Johann Wilhelm durch seine bekannte Religions=
erklärung zwei katholische Pfarreien in der Stadt errichtete,
die eine im Kloster zum heil. Wolfgang für die Altstadt bis
zur Brücke, die andere im Kloster vom heil. Nicolaus für die
Neustadt.

Die erste lutherische Pfarrei in Kreuznach

wurde, obwohl die Augsburger Confession bereits 1546 auf
des Kurfürsten Friedrich II. Betrieb durch Paul Fagius aus
Bergzabern dort Eingang gefunden und von der Ebernburg
aus durch Hutten, Bucer, Oecolompabius u. A. m. neue
Nahrung erhalten hatte, doch urkundlich erst 1557 durch die
Kurfürsten Otto Heinrich und Friedrich II. gestiftet. Denn
damals forderten beide den Wild= und Rheingrafen Philipp
Franz zu Salm auf, „den bisher angestellten Pfarrer zu
Kreuznach abzuschaffen und an seiner Statt den Christoph
Stollberger, einen gottesfürchtigen, gelehrten, frommen, ehr=
baren und der heiligen Geschrift geübten Mann zu präsentiren
und zu verordnen, ihm auch eine solche Competenz zu ver=
schaffen, dabei er sich mit Weib und Kind möchte der Noth=
durft nach betragen und seinen Unterhalt haben; daneben
auch den andern Pfarrern als Superintendent ernst und flei=
ßig vorstehen.“ Der Rheingraf, selbst der lutherischen Kirche
zugethan, erfüllte sofort seiner Lehnsherren Wunsch; allein
Kurfürst Friedrich III. setzte Stollberger ab und hob die luthe=
rische Pfarrei auf. Durch den Kurfürsten Ludwig VI. 1576
wieder aufgerichtet, schien sie durch den Kurfürsten Johann
Kasimir (1584) völlig unterdrückt zu sein; denn 47 Jahre
lang waren die Lutheraner ohne Prediger und Gotteshaus,

als ihnen 1631 Gustav Adolph durch den Administrator der
Pfalz, Ludwig Philipp, auf der Rheingrafen Präsentation
wieder einen Pfarrer verschaffte und 1633 die schwedische
Regierung zu Mainz noch einen zweiten gab. Der Gottes=
dienst fand in der schwarzen Klosterkirche statt. Doch 1635
verloren sie Kirche und Besoldungen wieder. Da räumten
ihnen die Rheingrafen ihre Zehntenscheune zur Umwandlung
in ein Gotteshaus ein, und legte sich der Markgraf Wilhelm
von Baden, als Mitherr von Kreuznach, ins Mittel für die
Aufrechthaltung der Pfarrei. Unter beständigen Quälereien
durch den reformirten Kirchenrath fristete dieselbe jetzt ihre
Existenz, bis 1687 die Lutheraner wieder in den Genuß völli=
ger Religionsfreiheit kamen und unter ihrem Schutze so heran=
wuchsen, daß sie seit 1727 zwei Pfarrer wählten, welche den
Gottesdienst in der 1700 feierlich eingeweihten Kirche in der
Petersgasse mit einander versahen. 1797 wurde die zweite
Pfarrstelle wieder mit der ersten verschmolzen.

Die erste reformirte Pfarrei in Kreuznach

wurde 1584 durch den Kurfürsten Johann Kasimir errichtet,
welcher ihr die Marienkirche auf dem Wörthe als Eigenthum
und deren Gefälle als Besoldung eines eigenen Pfarrers
überwies. Unter den steten Begünstigungen des Hofes wuchs
die Gemeinde so rasch heran, daß sie bald die beiden anderen
Confessionen an Zahl übertraf und zu ihrem Dienste von dem
reformirten Kirchenrathe, welcher das Ernennungsrecht übte,
noch zwei Pfarrer angestellt werden mußten. Die Beun=
ruhigungen, welche die Reformirten während des dreißigjäh=
rigen Krieges erfuhren, wie die Vertreibung ihrer Pfarrer

1623/25 und die Störungen im Besitze der Kirche und ihrer Gefälle, waren nur vorübergehend; denn der westphälische Friede stellte Alles auf den Fuß des Jahres 1618 zurück. Den Zeitraum vom Orleans'schen Erbfolgekrieg bis zur Besetzung des Landes durch die Franzosen füllt ein Gewirr widerlicher Religionsstreitigkeiten aus, wovon bereits hinlänglich Erwähnung geschehen ist.

12. Der Stadt Gymnasien.

Schon am Anfange des sechzehnten Jahrhunderts bestand zu Kreuznach ein Gymnasium, dessen Rector damals G. Sabellicus Faust war. Nach Einziehung der Klöster mußte der Karmeliter die Hörsäle für ein reformirtes Gymnasium hergeben; allein das Waffengeräusch des dreißigjährigen Krieges verscheuchte die Musen wieder, und die Schule stand veröbet. Durch einen zu Regensburg abgeschlossenen Vertrag zwischen Kurpfalz und Baden 1653 fiel der Karmeliter wieder den Reformirten zum Schulgebrauche zu; allein 1666 mußten sie ihn seinen Ordensbrüdern überlassen und bauten sich ein eigenes Gymnasialgebäude. Die Franzosen schenkten dies 1689 auch den Karmeliten, die es niederrissen und den Platz in Gärten umschufen, so daß die Reformirten am Anfange des siebenzehnten Jahrhunderts abermals ein neues Gebäude in der Klappergasse errichteten, dessen Bestimmung eine Tafel über dem Eingange mit den goldenen Lettern angab:

Haec tibi sancta domus tradit, studiosa juventus.
Dogmata, quae clare Pagina sancta docet;
Heic Latii disces, Grajum Solymaeque loquelas,
Artes praeclari Pegasidumque chori.

(Dies ehrwürdige Haus übergibt dir, studirende Jugend,
Was an Glaubens Gehalt klar in der heiligen Schrift;
Sprechart lernest du hier der Lateiner, Hebräer und Griechen,
Herrlichen Musengesang, herrlichen Chores Musik.)

Beide Gymnasien, das katholische und reformirte, bestan=
den neben einander bis zur französischen Herrschaft fort. Als
diese aber die Fonds der geistlichen Administration, woraus
die Lehrer bisher salarirt wurden, einzog, konnten sich die
Anstalten nicht mehr halten, sondern gingen ein. Seitdem
wurden mehrfache Versuche zur Wiederherstellung wenigstens
eines Gymnasiums gemacht, allein sie scheiterten alle am
Mangel hinreichender Fonds, bis endlich 1806 der Munici=
palrath auf Anregung des Maires Burret die nöthigen Mit=
tel anwies. Durch die uneigennützige und geschickte Leitung
des Directors Weinmann hob sich die Anstalt so rasch, daß
sie bald über hundert Schüler zählte; aber 1815 zog sich der=
selbe auf eine Pfarrei zurück und das Gymnasium ging wieder
ein. Da schritt 1819 die preußische Regierung zur Regeneri=
rung desselben und bewilligte der Stadt, welche die Räume
des Franziscanerklosters zu Lehrclassen und Lehrerwohnungen
herrichten ließ, einen jährlichen Zuschuß von 3000 Rthlr. zu
den jährlichen Unterhaltungskosten von 6000 Rthlr. Tüchtige,
auch in literarischen Kreisen gerühmte Männer wirkten seit=
dem an der Anstalt, unter denen die Namen der beiden Direc=
toren Hofmeister und Axt und der Professoren Petersen
(† 1838), Abr. Voß und Grabow weithin bekannt sind. Für
unbemittelte Söhne der Stadt und Umgegend, die sich beson=
ders zu höheren Studien eignen, hat ein Kreuznacher, Na=
mens Fuchs, lange Prediger in Amerika, durch den dreijäh=

rigen Genuß der Zinsen eines Vermächtnisses von 4000 Rthlr. rühmlichst gesorgt.

13. Kreuznach die Wiege berühmter Männer.

Viele gelehrte und andere, durch vielseitiges Wirken ausgezeichnete Männer verdanken Kreuznach ihre Geburt. Wir nennen darunter nur:

Johann Faust (1370), starb als Prior in Straßburg, von seiner Zeit ebenso geschätzt wegen seiner tiefen theologischen Kenntnisse und seinen philosophischen Bildung, als wegen seiner glänzenden Rednergabe und seines musterhaften Wandels.

K. L. Tolner († 1715), außerordentlich vielseitig gebildet, aber besonders als Geschichtschreiber gefeiert. Seine Geschichte der alten Pfalzgrafen am Rhein von 920—1294 und seine hessische Geschichte bis zu Philipp, dem Großmüthigen, erwarben ihm einen großen Ruf und ein hohes Ansehen am pfälzischen und hessischen Hofe. Und in der That zeugen diese seine Werke von einem so ausgedehnten Studium und so anhaltendem Fleiße, daß es wohl erklärlich ist, wie seine junge Frau, eine Frankfurter Kaufmannstochter, welche die Welt liebte, ihn schon nach zweimonatlicher Ehe freiwillig wieder verlassen konnte.

Karl Konrad Achenbach († 1720), unter den Greueln des Orleans'schen Erbfolgekrieges flüchtig, wurde von Friedrich I., Preußens König, 1702 zum Hof= und Domprediger, Kirchenrath und Mitglied der königlichen Academie der Wissenschaften in Berlin erhoben.

Die drei Söhne des Professors und Pfarrers Joh. Jac.

Wundt: Daniel Ludwig, Karl Kasimir und Fried. Peter.

Der Vater, 1701 zu Monzingen geboren, war ein Schü=
ler des Gymnasiums zu Kreuznach gewesen, hatte auf den
berühmtesten Hochschulen Deutschlands und Hollands Theo=
logie studirt und durch sein Lieblingsstudium, Kirchen = und
Profangeschichte, und vielseitige Verbindungen mit ausge=
zeichneten Männern verschiedener Confessionen seine Ansichten
über religiöse Dulbung noch mehr geläutert. Als er daher
1735 zum reformirten Pfarrer und Inspector in Kreuznach
berufen ward, erwarb er sich durch sein umsichtsvolles Wirken
auf diesem Gebiete große Verdienste um Staat und Kirche.
Von den kahlen Bergen der Grafschaft Wittgenstein = Berle=
burg und von den Webstühlen des Glanflusses hatte sich näm=
lich, als Frucht mißverstandener Rathgebungen gutgesinnter
Gottesgelehrten, durch Wollenweber ein düsterer Geist reli=
giöser Schwärmerei und Absonderung auch an die Ufer der
Nahe verpflanzt, so daß fast ganze Dörfer sich von der Ge=
meinschaft ihrer protestantischen Glaubensgenossen trennten
und unter der Leitung irgend eines Begeisterten eigne Ver=
sammlungen hielten. Ein obrigkeitlicher Befehl, welcher
solche Zusammenkünfte untersagte und den Besuch der Kirchen
gebot, erbitterte die erhitzten Gemüther so sehr, daß eine
Menge der bemittelsten und fleißigsten Familien Amerika mit
ihrem Vaterlande zu vertauschen im Begriffe stand. J. Wundt
suchte nicht allein die Amtleute und Prediger seiner Inspection
von einem übereilten Gebrauche jener Verordnung abzuhalten,
sondern reiste auch selbst auf den Dörfern umher, und durch
freundliches Zureden und geeignete Vorstellungen gelang es

ihm in kurzer Zeit, Tausende der Gefahr einer ungewissen
Zukunft zu entreißen und ihrem Vaterlande zu erhalten.
Nachdem er auch seinen Söhnen die Grundsätze einer vernünftigen Gottesverehrung, christlichen Menschenliebe und
nothwendigen Lebensklugheit eingeprägt hatte, starb er zu
Heidelberg im neunundsechzigsten Lebensjahre mit den Worten: „Herr, ich warte auf dein Heil!"

Sein ältester Sohn Daniel Ludwig († 1805) wurde
1773 reformirter Pfarrer und Inspector in seiner Vaterstadt
Kreuznach, dann öffentlicher Lehrer der Theologie auf der
Hochschule zu Heidelberg, wo er sich um die Geschichte seines
Vaterlandes hoch verdient machte durch sein „Magazin für
die Kirchen = und Gelehrtengeschichte des Kurfürstenthums
Pfalz," ein treffliches Werk, dessen lichtvolle Darstellung
überall das Gepräge einer gediegenen und vorurtheilfreien
Feder an sich trägt.

Der zweite Sohn Karl Kasimir wurde nach kaum
vollendeten Studien in den Rechtswissenschaften, womit er
tiefes Eingehen in die gelehrte und Kirchengeschichte, philo-
logischen und philosophischen Fächer verband, von dem Kurfürsten Karl Theodor zum Lehrstuhl der Beredsamkeit und
Kirchengeschichte und zur Stelle eines kurfürstlichen Kirchen-
raths in Heidelberg berufen. Ehe er seine beiden Aemter
antrat, besuchte er noch die vornehmsten deutschen Höfe,
durchstöberte überall die öffentlichen Kunstsammlungen und
Bibliotheken und machte die Bekanntschaft berühmter Männer
und Schriftsteller. Dann begann er seine Vorträge und
beschränkte sich dabei nicht auf seine angewiesenen Fächer,
sondern breitete sich über alle diejenigen Wissenschaften aus,

von denen er glaubte, daß sie von der studirenden Jugend nicht ohne Nachtheil verabsäumt werden dürften. Die Resultate seiner fortgesetzten gelehrten Forschungen legte er in kleinen lateinischen Abhandlungen nieder, wie: „Ueber das Leben J. W. Dahmes"; „Ueber die innige Verbindung der Philosophie, Medicin, Physiologie"; „Ueber die Heidelberger Bibliothek und Universität" ꝛc., und wußte dabei über die trockensten Untersuchungen eine gewisse Anmuth zu verbreiten und sie durch lehrreiche Bemerkungen dem Leser nützlich zu machen. Um seine Sorgen zu zerstreuen und neue Freudigkeit zu seinem schwierigen Amte zu gewinnen, unternahm er kleine Reisen. „Gewöhnlich," sagt sein Bruder von ihm, „war es seine Geburtsstadt Kreuznach, die er in den Ferien besuchte; aber dies waren auch unvergeßliche Tage für ihn; die Rückerinnerung an die ersten Freuden der Unschuld, der Garten seines Vaters, die Spielplätze der Stadt, die Häuser der Gespielen seiner sorglosen Kindheit, die romantischen Spaziergänge in dem Felsenthale, das an dem Nahestrome hinzieht bis zu den Ruinen der alten Bergfeste, wo Franz von Sickingen und Hartmuth von Kronenberg sich in stürmenden Zeiten über deutsche Freiheit berathschlagten, Ulrich v. Hutten eine Zufluchtsstätte fand, die ihm ganz Deutschland versagte, und Oecolompad den Chrysostomus übersetzte. Alles dies machte ihm die Gegend zum Elysium! Daher vermochten ihn auch weder die Anerbietungen zweier deutscher Fürsten, die ihm eine Stelle in ihren Regierungscollegien antrugen, noch der lockende Ruf zum Director an das Joachimsthaler Gymnasium zu Berlin sein Vaterland zu verlassen." Er starb 1783.

Sein jüngerer Bruder, Friedrich Peter, Professor der Geschichte zu Heidelberg, starb 1809.

Johann Friedrich Freiherr v. Carmer (geb. 1731 † 1801), altadeligen Geschlechts, Schüler des Kreuznacher Gymnasiums, ließ sich auf der Hochschule zu Gießen in das Studium der Rechtswissenschaft einweihen, nicht ohne ernste Beschäftigung mit der Philosophie und anderen freien Künsten, konnte aber, als Protestant, bei seiner Rückkehr in die Heimath nicht einmal eine Schreiberstelle im Kirchenrath oder Ehegericht erhalten. Unwillig wandte er sich nach Preußen und zog zuerst Friedrichs II. Aufmerksamkeit in Breslau auf sich, nach dessen Eroberung durch die Oestreicher er allein sich geweigert hatte, der Kaiserin Maria Theresia den Eid der Treue zu leisten. Der große König erkannte bald auch seine Tüchtigkeit, erhob ihn von Stufe zu Stufe bis zur Würde eines preußischen Großkanzlers und Justizministers und belohnte seine unsterblichen Verdienste um die preußische Rechtsverfassung mit der Erhebung in den Grafenstand und der Verleihung des schwarzen Adlerordens. Dem Grafen v. Carmer verdankt Preußen, außer vielen anderen vortrefflichen Einrichtungen, besonders die Gründung der ritterschaftlichen Creditsysteme, die Verbesserung der Gerichtsbarkeit in ihrem ganzen Umfange, die zweckmäßigere Form der Civilprozesse und vor Allem die Abfassung des allgemeinen Landrechts, welches in vielen Beziehungen, besonders hinsichtlich der Form, als musterhaft gepriesen wird. Dies Verdienst v. Carmers, als Gesetzgebers, muß aber um so höher angeschlagen werden, je bedeutender die Schwierigkeiten waren, die er zu überwinden hatte. „Unser edler

Carmer," heißt es von ihm in einem Schreiben aus Schle=
sien von 1783, „verlangt, der Adel soll seine Patrimonial=
justiz nach festen Grundsätzen verwalten, Gerichtstage halten
lassen, für die Erhaltung des kleinen Eigenthums der un=
mündigen Unterthanen nach Regeln der Pupillenordnung
sorgen, Verbrecher nicht aus einem Dorfe in's andere jagen,
um Criminalkosten zu ersparen, Hypothekenbücher über eigen=
thümliche Grundstücke freier Unterthanen anlegen, kurz,
Gerechtigkeit pflegen. Da sollen Sie sehen, was ihm für
Widersprüche gemacht werden! Selbst Männer in vorzüg=
lichen Aemtern sind im Stande zu sagen, das sei Eingriff
in ihr heiligstes Vorrecht." Allein des Grafen Carmer un=
ermüdliche Thätigkeit und Festigkeit, verbunden mit unwan=
delbarem Gerechtigkeitssinne, wußte alle Hindernisse zu besei=
tigen, und im Jahre 1789 erschien sein Landrecht öffentlich,
mit Gesetzeskraft versehen. Nach fünfzigjährigen ruhmvollen
Diensten zog er sich auf sein Gut Rützen bei Glogau zurück
und starb dort im siebenzigsten Lebensjahre.

Friedrich Müller (1750 † 1825). Mit einer vor=
herrschenden Neigung zur Malerei und Dichtkunst begabt,
gab er schon in seinem achtzehnten Jahre radirte Blätter
in niederländischem Geschmack heraus, welche, meist Hirten=
scenen und Thiergruppen darstellend, wegen ihrer Origina=
lität und leichten Behandlung sehr geschätzt wurden. Von
Karl Theodor zur weiteren Ausbildung nach Rom geschickt,
übte er sich im großartigen Stile Michel Angelos, fand aber
darin nicht mehr den früheren Beifall. Desto mehr wurden
in neuerer Zeit seine dichterischen und romantischen Schöpfun=
gen anerkannt, weil sie ächt deutscher Natur sind. Bald tän=

delt er in geschmeidiger Liederweise, wie in seinem „Musa=
rion;" bald gaukelt er der Phantasie die Satyrn der Wälder
und die Nymphen der Quellen vor, wie in seinem „Morpheus"
u. a.; bald führen uns seine Idyllen, wie „das Nußkernen"
und „die Schafschur," in das ländliche Leben des Pfälzer
Landes ein; ein andermal beschwört er uns die Geister
„Ulrichs von Großheim," der „Fräulein von Flörsheim"und
der „heiligen Genoveva" so lebendig, daß wir die alte Sagen=
zeit geharnischter Ritter und sittiger Frauen selbst zu durch=
leben wähnen.   Die verzehrende Glut der Leidenschaft und
die geheimsten Falten des Gemüths sind ausgezeichnet in
Müllers „Faust" und „Niobe," zwei Meisterstücken, die seine
schöpferische Kraft vor allen beurkunden.   Und welcher Reich=
thum des Lebens und der Situationen tritt uns im „Erwachen
Adams" entgegen! Welche Begeisterung und heiße Sehnsucht
nach seiner Heimath spricht nicht sein „Kreuznach" aus!

Durch seinen Uebertritt zur katholischen Kirche bei einer
schweren Krankheit trat er außer Verbindung mit den Seini=
gen, suchte sich aber den Abend seines Lebens noch dadurch zu
erheitern, daß er Fremde mit den Kunstschätzen der römischen
Hauptstadt vertraut machte.

Außer diesen Söhnen der Stadt verherrlichten sie noch
andere Männer, die theils dort ihre erste Bildung geholt,
theils in ihr gelebt und gewirkt haben; unter anderen:
J. Ph. Pareus (um 1600), Rector des Gymnasiums zu
Kreuznach, Dichter, Magister der freien Künste und Doctor
der Philosophie und Theologie, dessen Feder eine solche Menge
theologische, philologische und theologische Schriften entflossen,
daß er für einen der fruchtbarsten Schriftsteller seiner Zeit

galt. J. H. Andreä, welcher 1780 eine lateinische Chronik des Oberamtes Kreuznach herausgab (Crucenacum illustratum cum ipsius archisatrapia). J. G. Widder, dessen verdienstvolle „Vollständige Beschreibung der kurpfälzischen Pfalz am Rheine 1788" jedem Geschichtsforscher bekannt ist. Endlich führen wir noch wegen der genialen Bearbeitungen eines Lessing, Göthe, Klinger, Lenau und der kräftigen Züge, womit ihn Müller gezeichnet, so wie um der Verbindung mit Franz von Sickingen halber den Johann Georg Sabellicus Faust an, genannt der Schwarzkünstler, um 1507 Rector am Gymnasium zu Kreuznach. Armer Landleute aus Knittlingen Sohn, holte er sich zu Wittenberg seine Schulbildung und zu Ingolstadt den Doctorhut, trieb aber neben der Theologie auch Medicin, Astrologie und Magie und machte zu seinem Famulus den Joh. Wagner. Dann citirte er den Teufel und verkaufte ihm für zehn Jahre Dienstzeit Leib und Seele. Der gab ihm in Gestalt eines schwarzen Pudels einen Höllengeist, Mephistopheles mit Namen, zu, und mit ihm durchzog nun Faust die Welt unter allerlei wunderbaren und lustigen Streichen. Mit Leichtigkeit verschluckte er einem Bauern, ehe er sich's versah, einen Wagen mit Heu. Aus Auerbach's Keller in Leipzig ritt er auf einem Weinfasse davon. Einen Schulmeister zu Goslar, den der Teufel plagte, ihn leibhaftig zu sehen, versprach er denselben in einer Flasche zu präsentiren, und da nun Faust durch Zauberei seinen Gevatter citirte, erschien dieser mit flammensprühenden Augen, gehörnter Nase, greulichen Hauern und Katzenfüßen, daß der arme Teufel von Schulmeister vor Schreck besinnungslos zur Erde stürzte. Zur großen Freude eines Schenkwirthes hatte er

mit luftigen Rumpanen eine tüchtige Zeche gemacht und Alles
in guter gangbarer Münze bezahlt, aber fieh da! als der
Wirth nach einigen Tagen die Stücke wieder zählen wollte,
um fein Herz daran zu erfreuen, hatte er nur Hornfchnittchen
in der Hand. Ein andermal forderten feine Zechbrüder einen
Beweis feiner Kunft von ihm. Er ftellte ihnen einen Wunfch
frei, und alle wollten einen Weinftock mit prangenden Trau-
ben auf dem Tifche haben. Nachdem ihnen Fauft das Ver-
fprechen, nichts abzufchneiden, abgenommen, präfentirte fich
ihnen alsbald der verlangte Weinftock, fo einladend und
lockend, daß Jeder zum Meffer griff und zum Schnitte an-
fetzte. Da löfte fich Alles in einen magifchen Dunft auf; nur
hatte Einer den Anderen bei der Nafe, fo daß, hätten Alle
zugefchnitten, Alle an diefem Tage ihre Nafen verloren hätten. Unterdeffen neigte fich die Zeit des Bündniffes mit dem
Teufel immer mehr zum Ende, und derfelbe wurde tückifch.
So ließ er ihn einft zu Venedig, da er vor vielem Volke gen
Himmel fahren wollte, aus der Höhe fo heftig niederftürzen,
daß Fauft fchier todt blieb. Da war fie da, die verhängniß-
volle Stunde, wo er dem Teufel verfallen war. Von bitterer
Reue ergriffen löfte er das magifche Halsband, womit der
Hund an ihn gekettet war, mit den Worten: „Fahre hin, du
verruchte Beftie, die du mich ganz zu Grunde gerichtet haft."
Flugs verfchwand diefer und ward nicht wieder gefehen; dem
Fauft aber brach der Teufel Nachts zwifchen zwölf und ein Uhr
bei Knittlingen den Hals und entführte ihn zur Hölle. Doch
hinterließ er feine Kunft in zwei Büchern, wovon das eine
heißt: „Geifter- und Höllenzwang," das andere: „Johannis
Faufti Haupt- und Kunftbuch b. i. Kabbaliften- und Weifen-

praxis, in Geheim seinem Diener Christoph Wagnern hinterlassen." Einige Gelehrte haben das Ganze für eine Fabel
zur Verunglimpfung des Ketzers Faustus Socinus, welcher
die Dreieinigkeit leugnete, ausgegeben; andere meinen, es
hätten die Mönche, welche durch J. Faust's Erfindung der
Buchdruckerkunst ihr Verdienst im Abschreiben der Bücher ein-
gebüßt, aus Rache dieselbe als des Teufels Werk verschrieen
und durch jene Erdichtung dem Namen Faust ein ewiges
Brandmal anhängen wollen. Dagegen aber sprechen die
Zeugnisse eines Melanchthon, der ihn selbst gesehen, und eines
Tritheim, der über ihn am 20. August 1507 von Würzburg
aus an seinen Freund J. Virdungo de Hasfurt schreibt:

„Der Mensch, von dem Du mir gemeldet — Georg Sabellicus —, der sich einen Erzzauberer zu nennen wagt, ist
ein prahlerischer Vagabund und Jude, den man durchpeitschen
sollte, damit er sich hütet, künftig so verruchte, kirchenschän-
derische Dinge öffentlich zu treiben. Denn was sind die Titel,
die er sich beilegt, anders als Zeugnisse seiner Verrücktheit
und seines Wahnsinns? So nennt er sich: „Magister Georg
Sabellicus Faustus jun., Zauberer, Sterndeuter, zweiter
Magier und Wahrsager in jeder Gattung." Sieh doch, wie
weit die freche Narrheit eines Menschen bis zu dem Wahnsinn
steigen kann, sich der Zauberei zu rühmen, da er doch, ohne
alle wahre Bildung, sich vielmehr für einen albernen Menschen
als für einen Magister ausgeben sollte. Aber ich kenne seine
Schlechtigkeit durch und durch. Als ich im vorigen Jahre
aus der Mark Brandenburg heimkehrte, traf ich denselben
Menschen in Gelnhausen, wo man mir in der Herberge allerlei
frivole Streiche erzählte, deren er sich mit vieler Frechheit

rühmte. Sobald er meine Anwesenheit erfuhr, machte er
sich aus dem Staube und konnte durch Nichts bewogen werden,
vor mich zu treten. Einige Priester aus der Stadt erzählten
mir, er habe vor Vielen behauptet, daß er eine solche Kennt=
niß und ein solches Gedächtniß besitze, daß, verschwänden
auch mit einem Male alle Werke des Aristoteles und Plato
mit ihrer Philosophie, er sie, wie ein anderer Esra, durch
sein Genie mit noch größerer Eleganz herstellen wolle. Da=
rauf kam er nach Würzburg und soll da in großer Gesellschaft
gewindbeutelt haben: des Heilandes Wunder seien eben nicht
zu bewundern, auch er könne Alles machen, was Christus
gethan, so oft und wann er wolle. In diesem Jahre (1507)
begab er sich nach Kreuznach und versprach ruhmredig uner=
hörte Dinge, indem er sich für den vollkommensten Alchymisten
aller Zeiten ausgab und Alles zu wissen und zu können be=
hauptete, was man nur wolle. Da gerade die Rectorstelle
am Gymnasium daselbst vacant war, so erhielt er sie auf
Empfehlung Franz v. Sickingens, eines Mannes, der viel
auf Geheimkünste hält. Aber er verübte so schändliche
Greuel, daß er bei Nacht und Nebel der wohlverdienten
Strafe entfliehen mußte. Das ist der Mann, mit dem Du
so gerne einmal zusammen kommen möchtest."

Nach allem Dem war Faust ein Mensch, der seine Fertig=
keiten in der Medicin, Sternkunde und natürlichen Magie
benutzte, den Aberglauben seines Zeitalters, welches darin
Werke des Teufels erblickte, zu blenden und sich einen Namen
und ein gutes Einkommen zu verschaffen. Bekanntlich war
die Neigung zu geheimen Künsten damals und viel später noch
so verbreitet, daß sie nicht nur die Gemüther des Volkes er=

griffen hatte, sondern auch in die Paläste und Burgen des höchsten Adels eingedrungen war. Häufig bediente man sich ihrer zu allerlei Blendwerken für die Menge, nicht selten aber gestatteten ihr mit vollem Glauben selbst einsichtsvolle und berühmte Männer Anwendung auf Entzifferung der Zukunft und Enthüllung menschlicher Schicksale. Sonderbar ist, daß gerade Abt Tritheim, der so verächtlich von Faust spricht, selbst der Uebung zauberischer Künste beschuldigt ward. Auch Franz von Sickingen war von jener Vorliebe nicht frei. Das Verlangen, durch Faust's Kunst den Erfolg seiner weitaussehenden Plane zu erspähen und zugleich durch ihn im Geheimen das Volk für sich zu bearbeiten, ließ ihn einen Mann willkommen heißen, dem das Gerücht seiner wunderbaren Thaten vorausgeeilt war. Daher seine Verbindung mit ihm, daher seine Empfehlung Faust's zum Rectorat. Aber auch diesem mußte die Aussicht auf ein sicheres Unterkommen angenehm sein; er nahm die Stelle mit Freuden an und bezog eine noch gezeigte Wohnung in der Saugasse, entsprach auch anfangs ganz den in ihn gesetzten Erwartungen, mußte dann aber, weil er mit seiner Kunst allerlei Laster trieb, wieder flüchtig werden, durchstreifte nun, wie vorher, Städte und Länder, bis er um 1560 verschwand, natürlich vom Teufel selbst geholt.

14. Der Stadt Widerwärtigkeiten.

Verderbliche Menschenkräfte und die Elemente der Natur waren immer thätig, dem Emporblühen Kreuznach's entgegenzutreten. Kaum ein winziger Ort ging es mit dem Königspalast durch das Feuer der Barbaren in Flammen

auf. 1183 brannte ein großer Theil, 1399 über die Hälfte
der Neustadt ab. 1458 schwellten ungeheure Regengüsse,
verstärkt durch den geschmolzenen Schnee des Soonwaldes,
die Nahe so stark an, daß die Fluthen in die Wörthkirche
drangen, die Wände ablösten, die Altäre umwarfen und
die Steine von den Gräbern wälzten. 1725 ergossen sich
wüthende Wassermassen des Ellerbachs mit einem gefallenen
Wolkenbruch durch die Neustadt und bahnten sich, Menschen,
Vieh und Alles, was im Wege war, mit sich fortreißend,
über die Trümmer mehrerer Häuser der Saugasse durch
die Stadtmauer einen Weg in die Nahe. 1784 auf Fast-
nacht thürmten sich mächtige Eismassen vor der Brücke auf
und stürzten endlich unter dem Krachen einer zusammenge-
rissenen Apotheke mit ihren Bewohnern fort. Angstvoll
waren auch die Eisgänge mancher folgenden Jahre, aber
Menschenleben gingen dabei nicht unter. Dagegen lichtete
öfters die Ansteckung einer verpesteten Luft die Reihen der
Stadtbewohner. 1349 wälzte sich aus Indien her eine
furchtbare Pest, welche in Kreuznach 1600 Opfer wegraffte.
1502 hauste wieder die Pest, 1503 ein ansteckendes Fieber
mit Kolik, denen viele Menschen erlagen. Auch Bürger-
zwietracht suchte die Stadt heim. 1356 entstand ein Aufruhr gegen den Schöffenrath, der sich seines Lebens nicht
mehr für sicher hielt. Graf Johann III. dämpfte ihn und
ließ vier Rädelsführer auf dem Markte durch das Henker-
beil hinrichten. 1496 hatte der kurpfälzische Oberamtmann
Göler v. Ravensberg einen Bürger wegen eines Vergehens
eingekerkert. Seine Zunftgenossen erbrachen in Gölers Abwesenheit das Gefängniß und befreiten den Gefangenen

9*

unter Toben und Frohlocken. Da ließ der Kurfürst Philipp, von der Sache unterrichtet, Truppen gegen die Stadt rücken. Göler bemächtigte sich damit der Thore, drang fechtend in die Gassen, entwaffnete die Bürger und ließ etlichen die Finger abhauen, andere mit dem Galgen auf Stirn und Kinn brandmarken. Doch mehr als Alles wüthete der Krieg gegen die Stadt. 1334 schlug sie zwar den An=griff des Erzbischofs Balduin von Trier ab, aber die voll=ständige Verheerung ihres Gebietes konnte sie nicht hindern. Ebenso widerstand sie 1504 dem Landgrafen Wilhelm von Hessen und dem Pfalzgrafen Alexander von Zweibrücken, bis der pfälzische Hauptmann J. Landschad von Steinach sie am sechsten Tage der Belagerung entsetzte; aber Felder und Weinberge waren zerstört. Dafür machten die Bürger unter dem pfälzischen Hauptmann Nic. Bruns von Schmidt=burg einen Einfall in das Moscheler Gebiet Alexanders und trieben eine solche Menge erbeuteten Viehes heim, daß 500 Schafe für 25 Gulden und Pferde, Kühe und Schweine um einen Spottpreis verkauft wurden. Schlimmer ging's im dreißigjährigen Kriege her. 1620 schickte der kaiserliche General Ambros. Spinola von Oppenheim her, wo er dem Markgrafen Joachim Ernst von Brandenburg = Anspach gegenüber stand, den Obersten Wilh. v. Essern mit Mann=schaft und Geschütz ab, um die schlecht verproviantirte und schwach besetzte Stadt zu nehmen. Dieser rückte gegen die Mauern, steckte die äußersten Thore in Brand und beschoß Stadt und Schloß. Beide capitulirten und wurden von den Spaniern besetzt; die Bürger aber mußten dem Markgrafen von Baden, der es mit dem Kaiser hielt, den Eid der Treue schwören und 12,000 Rthlr. Kriegssteuer zahlen. Die spanische Occupation dauerte unter dem Statthalter W. Verdugo und seinem Amtmann Thomas Franquin bis 1632, da Gustav Adolph im Februar seinen Feldzug gegen die Kaiserlichen begann und nach einer mit dem Kurfürsten Friedrich V. abge= schlossenen Uebereinkunft sein erstes Unternehmen gegen Kreuznach richtete, dessen Besatzung aus 600 alten Deutschen, Wallonen und Burgundern bestand. Im ersten Sturme nahm er die Stadt; dann schritt er zur Belagerung des Schlosses. Um den passendsten Angriffspunkt zu suchen, recognoscirte er selbst „die Teufelswerke," wie er sie nannte, weil auf der niedrigen Seite sich immer ein Werk über das andere erhob, wagte sich aber wegen seiner Kurzsichtigkeit so nahe an die Mauer, daß ein herabgeschleuderter Stein ihn beinahe getödtet hätte, und einer seiner Begleiter mit einer Musketenkugel durch den Kopf geschossen wurde. Nicht zufrie= den mit dem, was er entdeckt hatte, rief er einen Sergeanten zu sich, klopfte ihm auf die Schulter und sagte zu ihm: „Hier sind vierzig Goldstücke, damit du künftig nicht zu darben hast; aber nun geh' und bringe mir genaue Kunde." Der Sergeant that, wie ihm befohlen war, und kehrte unbeschädigt zurück. Allein der König, noch nicht befriedigt mit seinem Berichte, stieg nochmals selbst mit ihm zum Berg hinan und legte sich neben ihn auf den Boden, um die Werke zu besichtigen. Da ihm dies noch nicht nach Wunsch gelang, so kletterte er allein weiter hinauf. Zu seinem Heer zurückgekehrt, rief er mit freudigem Tone: „Morgen Abend um fünf Uhr will ich Meister von dem Schlosse sein." Dann befahl er, einen seiner Obersten eiligst herbeizurufen. Da dieser, mit Barbiren be=

schäftigt, nicht sogleich kam, empfing ihn der König bei seiner
Ankunft mit den beißenden Worten: „Ihr würdet einen vor=
trefflichen Ritter abgeben, gälte es einen Feldzug gegen
Frauenzimmer. Während Ihr Euch glatt macht, kann ich,
wenn das Glück mir will, eine Stadt nehmen." Der Erfolg
zeigte, daß er nicht geprahlt hatte. Am andern Morgen ließ
er eine Mine springen, welche einen sehr schwer zugänglichen
Eingang öffnete. Nichts destoweniger gab er das Zeichen zum
Sturm, den der Oberst Winkel commandirte. Brittische
Freiwillige machten den Vortrab aus, commandirt von Lord
Craven, damals noch sehr jung, dem Oberstlieutenant Talbot
und Masham. Weil die Schwierigkeit hinanzuklettern nicht
zu überwinden war, wurden die Stürmenden beim ersten
Angriff zurückgeschlagen. Etwas unwillig, aber nicht ohne
Lord Cravens Muth zu bewundern, gebot ihm der König, den
Angriff zu erneuern. Dies geschah an der Spitze aller Trup=
pen. Zwei Stunden dauerte der Kampf, der scharf und
hartnäckig war, weil auch die Belagerten eine unglaubliche
Entschlossenheit zeigten. Endlich rief ein deutscher Officier,
obgleich die Burgunder und Wallonen sich heftig widersetzten,
„Quartier, Uebergabe." Lord Craven, zunächst bei ihm,
reichte ihm rasch die Hand und das Feuer schwieg. Der König
hatte 200 Todte. Darunter Wollmar Raßladin, Major von
des Königs Leibregiment zu Pferd, und Wollfahrt Hall,
Major eines weimarschen Regiments, der von einer Draht=
kugel durch den Hals geschossen war. Viele vom schwedischen
Adel waren verwundet, der König selbst in steter Lebensge=
fahr, da mehrere Musketiere neben ihm blieben, einer sogar,
von einer Kugel in den Kopf getroffen, auf ihn fiel. Kein

einziger brittischer Officier entkam ohne Wunde. Lord Craven
erhielt einen Pikenstoß in die Hüfte, Sir Francis Bane, ein
Bruder des Grafen von Westmoreland, wurde in das Hüft=
bein geschossen, Masham durch einen großen Stein beschädigt,
Oberst Winkel an einem Bein verwundet, Talbot aber nahe
bei Lord Craven getödtet. Obgleich der König sehr aufge=
bracht hierüber war, ließ er doch die Besatzung mit Unterge=
wehr abziehen, nachdem sie das Versprechen gegeben, sechs
Monate nicht wider ihn zu dienen. Zum Schloßgouverneur
ernannte er den Obersten Aler. Ramsay, an einer Wunde
zwar noch krank zu Würzburg, aber einstweilen ersetzt durch
Duglas, Oberstlieutenant der Schotten. 1636 nahm der
kaiserliche General Gallas Kreuznach wieder und übergab es
dem Markgrafen von Baden und dem Herzog Ludwig, Pfalz=
grafen zu Simmern, als gemeinschaftliches Pfand. 1639—
1641 eroberten und besetzten sachsen=weimarsche Truppen
Stadt und Schloß wieder; von 1641—1644 aber spielten die
Kaiserlichen, nachdem sie beide mit Gewalt genommen und
die Besatzung zur Uebergabe gezwungen hatten, die Herren
und stellten die beschädigten Festungswerke wieder her, als
wollten sie sich im Besitze behaupten. Da erschienen 1644
die Franzosen, als Verbündete der Schweden, und eroberten
nicht nur Stadt und Burg, sondern übergaben sie auch trotz
aller Angriffe und Ueberfälle der Kaiserlichen (1645) sammt
dem ganzen Oberamte dem Pfalzgrafen Ludwig Philipp von
Simmern, welchen der westphälische Friede (1648) mit seinen
Ganerben im Besitz bestätigte. Aber obgleich die Stadt unter
diesen beständigen Stürmen von allen Seiten außerordentlich
litt, so kam doch nichts gleich dem entsetzlichen Unglück, wel=

ches sie im Orleans'schen Erbfolgekriege heimsuchte. 1688 im
October besetzten 2000 Franzosen die Stadt und nahmen nach
achttägiger Belagerung auch die Burg. Nun begann das
gräßliche Spiel. Raub, Brandschatzung, Einkerkerung, Zer=
störung und Mord wechselten mit einander. Einzelne Züge
davon werden schon zu einem Bilde genügen. Im Februar
1689 zerschlugen sie Alles im Hause eines achtbaren Bürgers,
der krank im Bette lag, steckten dies an und brieten ihn
lebendig, so daß er trotz herbeigeeilter Hülfe von seinen Nach=
barn doch bald starb. Einen anderen wohlhabenden Einwoh=
ner, der sich über die unaufhörlichen Erpressungen bescheiden
beklagte, zerschlugen sie der Art, daß er im Gefängniß an
seinen Wunden starb. Im März demolirten sie alle Mühlen
und Backöfen, nöthigten Bürger und Juden, allen Vorrath
an Getreide zusammenzubringen, steckten es in Brand und
schütteten den Rest in die Nahe, worin es zwölf Fuß hoch
fortschwamm. Dann zwangen sie die Dorfbewohner von
Kreuznach bis nach Simmern hin, auch ihre Früchte nach der
Stadt zu fahren und verfuhren damit ebenso, brachten die
kurfürstlichen Vorräthe an Mehl und Wein nach Mainz und
Homburg, befahlen den Bürgern, was sie noch übrig hätten,
untereinander zu theilen und verboten bei Strafe der Plünde=
rung und Zerstörung des Eigenthums jede Flucht. Im April
führten sie die angesehensten Bürger weg, kerkerten sie ein
und geboten ihnen bei Todesstrafe, sich innerhalb dreier Tage
loszukaufen. Darauf fingen sie an die Brücke zu demoliren,
standen aber wieder ab davon, um sich selbst der bequemen
Passage nicht zu berauben. Dagegen rissen sie im Juli die
Thürme und Mauern der Stadt nieder aus Rache über eine

durch die Kaiserlichen erlittene Niederlage, wobei der Oberst Prisonel mit 1500 Mann gefallen war. Im October kam der Befehl, Alles zu zerstören und die Häuser niederzureißen. Eine besondere Gunst des französischen Generals — man sagt auf Bitten seiner menschlichen Maitresse — milderte ihn dahin, daß die Einwohner nur die Dächer zusammenreißen mußten, um die königlichen Commissarien, die auf den Vollzug zu achten hatten, durch den Anblick zu täuschen. Allein Nichts rettete den prachtvollen simmer'schen Palast, die gothische Wörthkirche und das Schloß; diese Zierden der Stadt gingen in Rauch und Flammen auf. Ja, als bereute man die geübte Schonung, ließ der Graf von Bourg die Bürgerschaft aufs Neue brandschatzen und befahl ihre Plünderung. Da ward ein Herr v. Vivan aus einem Gefühle des Mitleids ihr Retter vom Untergange.

Manches geschah zwar in der Folge von Seiten der kur= fürstlichen Regierung, die tief herabgesunkene Stadt wiederum zu heben, allein neuen Leiden ging sie entgegen.

15. Kreuznach der Kampfpreis zwischen den Deutschen und Franzosen.

1794.

Es war im November 1793, als nach Kreuznach die Nach= richt kam, daß die Oesterreicher am Oberrhein von den Fran= zosen geworfen seien, in Folge dessen sich auch die Preußen zurückziehen mußten. Am 2. Januar 1794 rückte auch schon General Link mit den Sachsen in die Stadt ein; seinen Rück= zug deckte Oberst Szekuly. Vom Rheingrafenstein her aus dem Alsenzer Thal führte General Moreau 8000 Franzosen

gegen die mit den Preußen vereinigten Oesterreicher, welche
sich langsam zurückzogen. Um vier Uhr Nachmittags rückten die
französischen Chasseurs und das Fußvolk mit Kanonen in
Kreuznach ein. Wer gut gekleidet sich auf der Straße sehen
ließ, wurde ausgezogen, wer eine Hausthüre offen gelassen
hatte, ausgeplündert, und am Abend schrieb Moreau
selbst eine Contribution aus, welche innerhalb 24 Stunden
zu liefern war: 8000 Pfund Brod, 12,000 Hemden, 5000
Paar Schuhe und Stiefel, 4000 Westen, 5000 Paar Hosen,
500 Pfund Leinwand für das Lazareth, täglich 30 Fässer
Wein und 3 Millionen Livres oder 1,375,000 fl. Geld. Da
General Link mit einem Angriff drohte, ließ Moreau seine
Truppen die ganze Nacht durch bei der strengsten Januarkälte
auf freiem Felde bei Wachfeuern campiren, wozu die Stadt
das Holz zu liefern hatte, und erneuerte, da die Contribution
unerschwinglich war, seine Forderung unter Androhung von
Plünderung und Einäscherung der Stadt. Entsetzliche Angst
bemächtigte sich Aller; die angesehensten Bürger durchzogen
mit einer Schelle die Straßen und baten flehentlich Jedermann, Geld oder Geldeswerth zur Sättigung der Raubgier
herbeizubringen. Eine Summe von 24,000 fl. wurde sofort
zu Moreau's Füßen niedergelegt; aber sie genügte nicht, und
die Drohung wurde wiederholt. Da rettete ein Fußfall des
Hausbewohners, bei welchem der General im Quartier lag,
verbunden mit den triftigen Vorstellungen eines Adjutanten,
die Stadt vor ihrem Schicksale. Von den Preußen umgangen,
zogen die Franzosen bei Tagesanbruch mit ihrer Artillerie
über die unwegsamen Gebirge des Rheingrafensteins ab und
erhellten ihren Uebergang über die Speckerbrücke am Einflusse

der Alsenz in die Nahe durch den Brand des Ebernburger Thalschlosses.

$$\frac{1794}{95}.$$

Im October 1794 mußte das Ruchel'sche Corps, welches bis dahin Kreuznach besetzt hatte, vor dem General Marceau zurückweichen, welcher am 16. October einrückte und sofort requirirte: 1000 Paar Schuhe, 12,000 Pfund Brod, 300 Ochsen, 200 Schafe, 300 Pferde, Hafer, Heu, Halfter, Hufeisen, Nägel; kurz Alles, was zur Unterhaltung der Armee diente, mußte die Stadt mit 70—80 Ortschaften, zusammen Arrondissement genannt, ungesäumt liefern. Dann hatte sie, als Marceau zur Belagerung von Mainz ausrückte, die Brodfuhren dahin zu leisten, 1500 Mann Schanzer zu stellen und drei Bataillone Truppen zu beköstigen, welche Stadt und Land mit französischen Assignaten überschwemmten. Diese Last wurde aber um so drückender, je hartnäckiger die Oesterreicher und Preußen Mainz vertheidigten, und je weniger die Ströme vergossenen Blutes diesmal das Waffenglück an die französischen Fahnen zu fesseln vermochten. Ganze Haufen von Unglücklichen, durch Hunger, Blöße und Kälte fast aufgerieben, langten im Winter 1894 auf 95 in der Stadt an und verfielen der Seuche des Faulfiebers. Weil es dabei an Lazarethärzten und Wärtern für die Kranken fehlte, so starben diese zu Dutzenden und wurden vor dem Binger Thore massenweise in Gräben geworfen. Mit Interesse wird man folgende für die Geschichte der republicanischen Heereszüge Frankreichs merkwürdige Episode lesen, die ein Kreuz-

nacher Augenzeuge von der Belagerung von Mainz hand=
schriftlich hinterlassen hat:

„Am Schlusse des Jahres 1795 durchritt ich mit dem
Repräsentanten Rivaud die Linie von Mainz. Allenthalben
sah ich Menschengestalten gleich Todtengerippen, ausgehungert
und ihre Blößen zur Schau tragend; und doch war Gesang
und Tanz ihr Zeitvertreib. Ich bezeugte dem Repräsentanten
meine Verwunderung über ein solches Gemisch von Elend und
Ausgelassenheit. Scherzend erwiederte er: „c'est-ci que la
République réside." Da gingen etliche Soldaten, Holz auf
ihren Schultern tragend, nach Rivauds Aussage schon etliche
Stunden unter ihrer Last. seufzend, an uns vorüber. Einer
von ihnen, mit Zügen des tiefsten Kummers in seinem Ge=
sichte, rief dem Repräsentanten sein „Salut!" zu, und als
dieser nach seinem Ergehen frug: antwortete er: „Cela va
fort bien." Ich frug den Repräsentanten, wer der Soldat
wäre, und erhielt den Bescheid: „wäre er zu Hause, so wür=
den ihn zwei Lakaien bedienen, aber hier welkt er unter der
ungewohnten Arbeit dahin." „Das Elend," fügte er hinzu,
„welches diese Leute erdulden, ist unerhört; mitten im Ueber=
flusse, der im Lande ist, verhungern sie. Ehe ich zur Armee
kam, glaubte ich die Räubereien aufdecken zu können, aber
leider fühle ich mich betrogen und kann bei dem besten Willen
die Sache nicht ändern. Obgleich Rivaud, als Volksrepräsentant,
die erste Rolle im Lager spielte, war unser Mittagtisch doch
sehr einfach, und dabei versicherte er mir, daß er es nicht
besser geben könne, weil zehn Louisd'or, die er in der Tasche
habe, sein ganzes Vermögen seien. In diesem Augenblick
trat ein Officier mit wildem Blick herein und sprach, die

Arme über die Brust gekreuzt: „Repräsentant! ich biene ber
Republik seit Anfang ber Revolution; während ich mit Wun=
ben für sie bebeckt wurde, plünberte man meine Frau unb
würgten bie Chouans meine Kinber. Das unglückliche Weib
suchte Schutz bei mir, fanb aber kein Brob. Sie wurde
Wäscherin bei bem Bataillon, unb nun will man sie nicht
länger bulben, weil ihr Fleiß mich ernährt. Der Repräsen=
tant schrieb bem Chef bes Bataillons: „Die Frau soll beibe=
halten werden." Der Officier las ben Zettel unb mit be=
zaubernb fröhlicher Miene rief er: „Vive la république!"

 Unter beständigen Lieferungen ber Stabt an Frucht unb
Gelb kam ber 29. October 1795 heran. Gegen Mittag gab
es ein gewaltiges Laufen unb Rennen; es hieß: Clairfait
habe bie französische Linie vor Mainz angegriffen unb an
mehreren Orten burchbrochen. Um ein Uhr kam schon die
Dienerschaft bes Repräsentanten Martin wie sinnlos in bie
Stabt gesprengt, unb ihr nach stürmten Tausenbe in rasenber
Verzweiflung. Von Augenblick zu Augenblick wuchs bie Ver=
wirrung. Mit Jammergeschrei stürzten sich bie Kranken aus
ben Lazarethen in bie Stabt; etliche sanken gleich tobt zur
Erbe, andere ohnmächtig ober in entsetzlichen Krämpfen zu=
sammen. Dabei erlaubten sich bie Krankenwärter bie roheften
Plünberungen. Ein französischer Kriegscommissär sprang
zwar mit ber schwachen Garnison ben Elenben zu Hülfe, fiel
aber balb selbst erschöpft nieber. Unterbessen brängten bie
Flüchtlinge immer stärker zum Thore herein, schlugen Fenster
unb Thüren ein unb begannen zu plünbern. Eiligst verram=
melten bie Einwohner ihre Häuser, versteckten bie koftbarsten
Sachen unb erwarteten mit Schrecken ben Ausgang. Der

französische Commandant zu Kreuznach, Capitän Pillüe, thät mit seinen wenigen Soldaten Alles, um die Ordnung herzustellen, schlug sich mit den Plünderern bis Nachts zwei Uhr auf den Straßen herum, konnte aber nicht einmal hindern, daß ein Volontär bei Vertheidigung eines Hauswirthes von einem Soldaten erschossen wurde. Endlich am Morgen des 30. zogen die Franzosen ab, nur einige Stunden vor der Ankunft von sechs Bataillons der Sambre= und Maasarmee, die dem Belagerungscorps vor Mainz, nun zu spät, zu Hülfe eilten, verübten aber auch auf ihrer Flucht noch schändliche Greuel. So erschossen sie zu Genzingen den würdigen Pfarrer und Dechanten Soherr.

1795 im November.

Bald stellten indessen die Franzosen ihre Flucht ein, und General Marceau, vom Oberfeldherrn Jourdan entsandt, rückte mit seiner Division rasch über den Hunsrücken gegen Kreuznach vor. Von der anderen Seite hörte man am 10. November von Alzei her eine schreckliche Kanonade, dem Rollen des fernen Donners ähnlich. Es war der Rheingraf Karl, der muthige Vertheidiger von Philippsburg, der nach Kreuznach eilte, sich neue Lorbeern zu sammeln. Beide Theile rüsteten sich zum Kampfe und mit Grausen sahen die Bürger der Stadt den Morgen des 11. November anbrechen. Auf dem Mönchberge (hungriger Wolf) begann das Gefecht zwischen den Franzosen und Oesterreichern, während der Rheingraf mit den Reichstruppen vom Galgenberg gegen das Mannheimer Thor anrückte. Die Oesterreicher, Hessendarmstädter und Kurmainzer wurden geworfen und eilten in wil=

deſter Flucht, zu dichten Haufen zuſammengedrängt, den
Judenkirchhof hinab, während franzöſiſche Kanonen Kar=
tätſchen unter die fliehenden Haufen, und Haubitzen den
Reichstruppen entgegenwarfen, die bereits ihre Avantgarde
mit einer Kanone in die Stadt vorgeſchoben hatten, um die
Retirirenden aufzunehmen. Jetzt ſtürmte auch die franzöſiſche
Kavallerie vom Mönchberge herab und hieb furchtbar auf die
öſterreichiſche Reiterei ein, ſo daß bald Alles, Freund und
Feind durcheinander, mit wildem Geſchrei ſich in die Stadt
drängte, deſſen Einwohner aus Furcht vor Plünderung die
Häuſer verſchloſſen. Mit dieſer Vorſichtsmaßregel beſchäftigt,
wurde der Conrector Eberts durch die Kugel eines Chaſſeurs,
welche durch das Schloß drang, ſo verwundet, daß er todt
in die Arme ſeines herbeieilenden Sohnes ſank. Bereits
waren die Franzoſen Meiſter der Neuſtadt bis zur Brücke, als
der Rheingraf Karl den Hauptmann v. Regeth mit einer Ab=
theilung des fränkiſchen Bataillons Juliazy beorderte, ſie
wiederzunehmen. In ſtarkem Sturmſchritt drang dieſer vor,
und heiß entbrannte der Kampf. Während es franzöſiſche
Kugeln vom Martinsberge und Hofgarten her regnete, feuer=
ten die franzöſiſchen Artilleriſten aus zwei Kanonen, die ſie
mit Stricken herbeigezogen hatten, und die Infanterie aus
ihren Musketen gegen die Brücke. Dabei rief Marceau mit
ſeinen Adjutanten unaufhörlich das furchtbare Avance! in
ſeine Schaaren, und, wer weichen wollte, den trieben Unter=
officiere mit vorgehaltenen Bajonetten und Kavallerie mit
Säbelhieben in den Kampf zurück. Da ſprang der Rheingraf
Karl vom Pferd, ſtellte ſich ſelbſt an die Spitze des Bataillons
Juliazy und einer kurkölniſchen Diviſion unter dem Haupt=

leuten v. Weidenbruch und Hundhausen, drang mit gefälltem
Bajonett vor, nahm mit den fränkischen Grenadieren eine
feindliche Kanone und warf den Feind zurück. Vergebens
suchte Marceau den fast errungenen Sieg festzuhalten; den
Rheingrafen Karl, der die Stadt liebte, die ihm in Friedens=
zeiten so manche Stunde der Erheiterung gebracht, trieb Ehre
und Liebe zur entschlossenen That, und der geschlagene Feind
wurde wieder zum Thore hinausgedrängt. Der Verlust auf
beiden Seiten war ziemlich bedeutend, der angerichtete Scha=
den nur gering. Aber charakteristisch für die Zeit der Repu=
blik ist folgender Zug. Bei der eiligen Flucht der Mainzer
Jäger nach der Brücke warf sich einer derselben, da er sich in
Lebensgefahr sah, mit dem Rufe „Pardon!“ zu den Füßen
eines französischen Grenadiers. Dieser gab seinem Nachbar
die Muskete, warf den armen Schlucker wie einen Federball
quer über seine Schulter, sang und tanzte mit seiner Last die
Carmagnole und brachte sie dann in Sicherheit.

1795 im December.

Noch im November begannen die Feindseligkeiten bei
Kreuznach auf's Neue. Vom Hunsrücken her rückte Jourdan
mit der ganzen Sambre= und Maasarmee, 40,000 Mann
stark, in Eilmärschen heran, während auf der anderen Seite
Clairfait mit 30,000 Mann den Galgenberg besetzte und sei=
nen linken Flügel an den Rheingrafenstein, den rechten an
den Bosenheimer Berg lehnte. Sobald die französische Vor=
hut unter Bernadotte, später König von Schweden, sich zeigte,
befahl er dem Rheingrafen, den Mönchberg zu vertheidigen.
Am 1. December begann das Treffen. Da Bernadotte am

Mönchsberge nicht durzubrechen vermochte, schwenkte er rechts
ab, schlug durch die Gunst des Terrains und seine Uebermacht
die Reichstruppen bis an die Thore der Stadt zurück und
verfolgte sie trotz der tapfersten Gegenwehr im Sturmschritt
bis an die Brücke. Am Mühlenthor stellten sie sich wieder,
führten Kanonen auf und beschossen die Brücke, als der Be=
fehl anlangte, die Franzosen wieder aus der Stadt zu schla=
gen. Sofort griff der Rheingraf Karl mit der ganzen Bri=
gade, verstärkt durch ein Bataillon Oestreicher vom Regiment
Mitrowski, den Feind mit dem Bajonett an und trieb ihn
zum Binger Thor hinaus. Allein dieser erhielt stets neue
Verstärkung oder wurde abgelöst, während die Deutschen sich
selbst überlassen blieben; denn unbeweglich stand das östrei=
chische Heer auf dem Galgenberg und sah ruhig dem mörderi=
schen Kampfe zu. So konnte es nicht fehlen, daß die Deut=
schen retiriren mußten. Da sie aber in der Hitze des Gefechts
versäumt hatten, das Zwingerthürchen, welches vom Schloß=
berge her in die Stadt führte, zu besetzen, so geriethen sie
zwischen zwei Feuer. Mehrere Stunden dauerte das Morden
in den gesperrten Straßen. Im Klostergarten, in dessen
Keller sich Bürgermeister und Geistliche geflüchtet hatten,
lagen allein 72 Todte und 19 Verwundete und wurden 300
Mann gefangen. Der Deutschen Einbuße an diesem blutigen
Tage belief sich außer den Gefangenen auf 1000 Mann, die
Franzosen hatten gegen 1500 Todte und Verwundete. Es
hieß, Clairfait habe deßhalb nochmals das Zeichen zum
Sturm gegeben, um die Franzosen nach hitzigem Gefecht zum
Angriff gegen seine starke Stellung zu reizen und ihnen eine
völlige Niederlage beizubringen. Allein sobald diese im Be=

fitze der Stadt waren, schloffen fie die Thore und ließen die Oeftreicher ruhig abziehen. Jourdan fchlug fein Hauptquar= tier in Windesheim auf, Bernadotte blieb in Kreuznach. Hierauf fündigte ein Polizeilieutnant dem Bürgermeifter bei Strafe des Füfilirens die fofortige Säuberung der Straßen von den Todten an. Da die Einwohner theils entflohen waren, theils fich in die Keller verfteckt hatten, fo ließ fich Niemand fehen. Es machte fich alfo der Bürgermeifter nur mit einem Bürger felbft an das Gefchäft und fchleuderte die Todten in den ftark gefchwellten Ellerbach. Dann erfchienen zwei Kriegscommiffäre, welche der Stadt eine tägliche Liefe= rung von 8000 Rationen Brod, 50 Kühen, 200 Maltern Hafer, 1000 Centnern Heu, 80 Klaftern Holz, 4000 Bou= teillen Wein, Schuhen, Stiefeln, Sattelzeug rc. auferlegten und fogleich alles vorräthige Mehl und Brod in Befchlag nahmen. Dabei mußte die Tafel Jourdan's und Bernadotte's täglich mit Allem reich verforgt und den höheren Officieren Burgunderwein geliefert werden. Außerdem wurde, wer auf der Straße fich fehen ließ, beraubt, wer fich nicht zeigte, im Haufe aufgefucht und ausgeplündert, wie's eben anftand; ja oft quartierten fich die Soldaten dutzendweife in Küchen und Kellern ein, zapften Brantwein= und Weinfäffer nach Belie= ben an, tranken nach Herzensluft und ließen auslaufen, was fie nicht mehr trinken konnten. Zur Kurzweil fchnitten andere die Bettdecken entzwei, fchütteten die Federn dem Wind zum Spiel zu den Fenftern hinaus, zerfchlugen die Möbel, fchlepp= ten die Kirchenbibel, Altarbücher und heiligen Gefäße fort und zerfchnitten die Kirchenbücher. So endigte der 1. Decem= ber, und noch zwölf fchreckliche Tage hatte er in feinem Ge=

folge. Kaum graute der Morgen des zweiten, als Jourdan eine Recognoscirung gegen die auf der rechten Nahseite immer noch umherschwärmenden Oestreicher befahl. Truppen von allen Waffengattungen, von Jourdan selbst geführt, taumelten noch trunken durch die Stadt, und man glaubte das wilde Heer zu sehen: Die Kavalleriepferde waren aufgeputzt mit Wein = und Branntweinflaschen, die reitenden Artilleristen hatten die schwarzen Zunftmäntel bei Leichenbegängnissen über ihre Uniformen geworfen, die Infanterie, buntscheckig und im Weindusel, folgte hintendrein. So ging's zum Thore hinaus, so am Abende wieder herein; kein Theil hatte dem anderen etwas zu Leib gethan. Desto rüstiger ging's wieder an's Plündern. Der Bürgermeister, von allen Seiten bestürmt, begab sich endlich mit seinem Secretär zu Bernadotte und bat ihn auf's Dringendste um Hülfe. Dieser nahm sich auch der Stadt an, wies den Bürgern, welche aus Mangel an Holz schon angefangen hatten, Häuser und Scheunen abzureißen, solches an und zügelte mit dem Säbel in der Faust die unbändige Wuth der Soldaten, wies jedoch, weil Jourdan gerade in Kreuznach anwesend war, die Deputation auch zu diesem. Kaum hatte er das Gesuch aus des Stadtschreibers Mund vernommen, als er seinen Säbel zog und die Deputirten zur eiligsten Flucht nöthigte. In den Klostersaal zurückgekehrt, wo der Magistrat sie erwartete, fanden sie die Keller erbrochen und den Wein theils ausgetrunken, theils ausgelaufen. Gleich darauf langte auch ein neuer Befehl zur Lieferung von Wein, Schlachtvieh, Salz und anderen Heeresbedürfnissen an. So ging's fort bis zum Abend des 12.,

10 *

da die Franzosen aus Furcht, von den Oestreichern umgangen zu werden, die Stadt räumten.

1 7 9 6.

Aber nichts desto weniger hatte damit der Stadt Leid ein Ende. Im Juni 1796 wurde Kreuznach wiederum Kampf= preis zwischen den Oestreichern und den Franzosen unter General Marceau. Da diese an Zahl weit überlegen waren, so erkämpften sie einen leichten Sieg, besetzten die Stadt, requirirten Bedürfnisse für das Heer und Schanzarbeiter vor Mainz und begannen trotz Marceau's Mannszucht die alte Wirthschaft auf eigene Faust wieder. Ja der Soldaten Zügellosigkeit ging so weit, daß sie ungescheut auf offener Straße raubten und einen Bürger selbst ermordeten; den Bürgermeister nebst einem der angesehensten Beamten schlepp= ten sie nach Bingen und ließen Beide nur gegen ein ansehn= liches Lösegeld wieder frei. Als gar Jourdans Unglück bei Amberg die französische Armee vor Mainz zum Rückzuge nöthigte, entbrannte nicht nur der Kampf um Kreuznach wie= der, sondern es wurden auch die Lieferungen für die franzö= sische Armee und die Tafeln der Generäle und höheren Offi= ciere fast unerschwinglich. General Kleber verhängte zwar schwere Strafen auf jeden Unterschleif, konnte aber die Er= pressungen der anderen Generäle nicht verhindern; insbeson= dere war es Bonamie, welcher dieselben so arg und offen trieb, daß endlich der commandirende General Ligneville sich selbst genöthigt sah, im Franziscanerkloster zu Kreuznach ein Kriegsgericht über ihn abhalten zu lassen. Trotz der beredten Vertheidigung des Generals Harbie wurde Bonamie für schuldig erklärt und zur Degradation so wie zur Herausgabe seiner Diebstähle verurtheilt. Nachdem man ihm die Epau= lettes von den Schultern gerissen und ihn mit Gensb'armen aus der Stadt gebracht hatte, ging er zu Buonaparte nach Italien, erhielt sein Generalspatent zurück und blieb in der Schlacht. Damit war freilich der Stadt noch nicht geholfen; auch folgten 1797 und weiterhin neue Contributionen und Schatzungen, welche öfters mit Waffen und Arrest eingetrie= ben wurden; aber die Tage, wo Kreuznach Kampfpreis und Beute des Siegers wurde, waren vorüber, und die Stadt theilte von nun an das Geschick der französischen Republik und des französischen Kaiserreichs, bis sie mit den Rheinpro= vinzen an Preußen kam.

VI. Die Flora um Kreuznach

(von Apotheker Gutheil in Crefeld)

ist so reich und mannigfaltig, daß wir uns für den Freund der Botanik auf diejenigen Pflanzen beschränken müssen, die sich entweder durch Schönheit äußerer Form und Farbenpracht der Blüthen, oder durch die Seltenheit des Vorkommens in ähnlichen Gegenden desselben Klimas, oder allenfalls noch durch ihre Wichtigkeit für das praktische Leben auszeichnen und gerade in der Zeit der Badesaison den Gipfel ihres Lebens erreichen.

Erste botanische Excursion nach dem Rothenfels.

Auf dem Wege zum Rothenfels, unfern vom Ufer, in der Nähe erblicken wir die schönen Blüthen des pfeilförmigen

Pfeilkrautes *(Sagittaria sagittae folia)*[1]] und der schirmblüthigen Wasserviole *(Butomus umbellatus)*, der einzigen, die neunte Linné'sche Klasse in Nord- und Mittelbeutschland repräsentirenden Pflanze, deren 2—4 Fuß hohe Schäfte in anderen Ländern zu Matten verarbeitet werden. Zwischen beiden hindurch fluthet in gewaltigen Exemplaren der Wasserranunkel *(Ranunculus aquatilis fluitans)*, dessen große weiße Blüthen sich über die Oberfläche des Wassers emporheben. Den Uferkies überzieht das Acker-, kleine und falsche Leinkraut *(Antorrhinum arvense, minus et spurium)*. Den Rasen ziert häufig die in anderen Gegenden seltene Sternflockenblume *(Centaurea Calcitrapa)*. Ueber der Salinenbrücke treffen wir das weiße und großblumige Wollkraut, Königskerze, *(Verbascum album M. et thapsiforme Sch.)* in Menge, wovon des letzteren Blüthen, als Thee beliebt, in den Apotheken officinell sind.

An den Grabirhäusern und Salzquellen wachsen einige, sonst weniger dem Salzboden eigenthümliche Pflanzen, als: die bottnische Simse *(Juncus Bottnicus Wahl)*, der Salzlöwenzahn *(Leontodon salinus Poll.)*, das Meersanbkraut *(Arenaria marina)* und ein Rispengras *(Poa distans)*.

Das Salinenwäldchen, größtentheils durch den ächten Kastanienbaum *(Fagus castanea)* gebildet, dessen äußerst nahrhafte Früchte ebenso beliebt sind, als sein Holz zu Haus-

---

1) Nach Linné, so wie alle folgende, nicht besonders mit dem Namen des Autors bezeichnete Arten.

gerathen, Bau= und Schiffsholz geschätzt ist, wird durch eine liebliche Flora noch mehr verschönert. Diese bietet uns das Lungenkraut (*Pulmonaria angustifolia*), dessen Blätter den Arzneischatz bereichern, das lieblich duftende März= und andere Veilchenarten (*Viola odorata, hirta, canina* mit der Abarte *Riviniana Rchb.*), das zu Guirlanden und Krän=zen so geeignete Sinn= oder Immergrün (*Vinca minor*, ehedem als *herba vincae perrincae* officinell), den schwarz=rothblühenden Rapunzel (*Phyteuma nigrum Schm.*), die giftige stinkende Rießwurz (*Helleborus foetidus*), den Hederich (*Erysimum crepidifolium Rchb.*), den schild=förmigen Ampfer (*Rumex scutatus*), als französischer Ampfer gebaut und häufig in dieser Gegend als Sauerampfer benutzt, die Zaunblume (*Anthericum Liliago* und *ramo-sum*), die Pechnelke (*Lychnis viscaria*), die Karthäu=sernelke (*Dianthus Carthusianorum*), die Hügel=, Erd= oder Steinbeere (*Fragaria collina Ehsk.*), die beiden Schneeballarten (*Viburnum Lantana*, dessen Stamm zu Pfeifenröhren, fälschlich türkische genannt, verar=beitet wird, und *Viburnum Opulus*, welcher als Zierde in den Gärten mit unfruchtbaren, in einen Ball vereinigten Blüthen vorkommt), die Alpen=, Johannis= oder Straußbeere (*Ribes alpinum*), das Alpen=Täschel=kraut (*Thlaspi alpestre*), den Alpenkohl (*Brassica alpina*), die seltene Mahalebkirsche (*Prunus Mahaleb*), aus dessen wohlriechendem Luzien= oder Weichselholze Pfei=senröhren gefertigt werden, den Quittenmispel (*Mespi-lus Cotoneaster*), ebenfalls zu Pfeifenröhren benutzt, den Felsenmispel (*Mespilus Amelanchier*) mit seinen wohl=

schmeckenden Früchten, das gefranzte Perlgras (*Melica ciliata*), ein gutes Viehfutter, den Bergschwingel (*Festuca montana Savi*), den weidenblätterigen und behaarten Aland (*Inula salicina et hirta*), die Aschenpflanze (*Cineraria spatulaefolia, Gm.*), die schwarze und Frühlings-Walderbse (*Orobus niger et vernus*).

Etwas höher am Berge erfreuen das Auge die großen, mitten purpurrothen, im Strahle hellblauen Blüthen der Bergflockenblume (*Certaurea montana*), die schwarze Flockenblume (*Centaurea nigra*), die schönen, dunkelblauen Glocken der giftigen Küchenschelle (*Anemone Pulsatilla*), verschiedene Arten von Habichtskraut (*Hieracium Pilosella β., Peleterianum Merat., murorum, sylvaticum G., sylvestre Tsch., praealtum Vill.*, u. a. m.), der fingerförmige Lerchensporn (*Corydalis digitata Pers.*; der hohlwurzelige *C. cava Ehs.* findet sich hier nicht vor), der pfeilförmige Ginster (*Genista sagittalis*), die edle Garbe (*Achillea nobilis*), welche einen wirksamen, gewürzhaften Thee gibt, das seltene Mauer-Hungerblümchen (*Draba muralis*), die Hügel-Wiesenraute (*Thalictrum collinum Wallr.*), die Waldrebe (*Clematis Vitalba*) mit schönem, festen, wohlriechenden Holze, die niedliche zweiblätterige Meerzwiebel (*Scilla bifolia*), deren Blüthenblätter am Grunde grün, sonst wie die Staubgefäße blau sind.

Ganz oben an und auf dem Rothenfelsen treffen wir das kleine, höchstens fingerlange, ziemlich seltene Mastkraut (*Sagina erecta*), den Felsenmilchstern (*Ornithogalon saxatile Koch.*), sicher eine gute Art, die stachelige und

Ackerrose (*Rosa pimpinellifolia et arvensis*), das weiße, graue und Felsenfingerkraut (*Potentilla alba verna β., cinerea et rupestris*), das Hornkraut (*Cerastium brachypetalum Pers.* und *pumilum Curt.*), die giftige Einbeere (*Paris quadrifolia*), den Pferde=Sesel (*Seseli Hippomorathrum*), den haarigen Traganth (*Astragalus pilosus*), das federige Pfriemengras (*Stipa pennata*), dessen Grannen Hygrometer sind gleich der trockenen Blüthenhülle der gemeinen Eberwurz (*Carlina vulgaris*), die Walbanemone (*Anemone sylvestris*), deren Blüthen jeden Garten zieren würden, die weiße Braunelle (*Prunella alba Lam.*), das geöhrtblätte= rige Gänsekraut (*Arabis auriculata Lam.*), beides sel= tene Pflanzen, den ausdauernden Salat (*Lactuca perennis*), dessen junge Blätter genießbar sind, und den wilden und giftigen Salat (*Lactuca Scariola et virosa*), beide giftig, das niedrige Riedgras (*Carex supina W.*) und einige Arten von Orchis, deren Wurzeln aus dem schleimigen und nährenden Salep bestehen (*Orchis sambucina*, hier gemein, anderwärts sehr selten *(militaris et ustulata)*.

Zweite Excursion nach der Gans und dem Rheingrafenstein.

In der Nähe der Gans erfüllt der prächtige, rothblü= hende Diptam (*Dictamnus albus*) mit seinem kräftigen ätherischen Oele die umgebende Atmosphäre, und zwar so reichlich, daß man diese an warmen windstillen Sommer= abenden anzünden und brennen sehen kann. Seine Wurzeln sind als *radix dictamni albi* jetzt wenig mehr gebräuchlich.

Mit seinem Geruch vermischt sich der sehr angenehme, aber betäubende des deutschen Geisblattes (*Lonicera Periclymenum*). Zwischen beiden ragen die schönrothen Blüthentrauben des schmalblätterigen Weiberichs (*Epilobium angustifolium*) pyramidalförmig hervor, und dabei bietet der Mehlbaum (*Pyrus Aria Ehs.*) seine genießbaren Früchte und ein gutes Werk- und Nutzholz dar.

Den Bezirk des Rheingrafensteins schmücken Blumen, welche die schönste künstliche Gartenanlage nur noch verschönern würden: der kleine Steinbrech (*Saxifraga Aizoon Jacq.*, (nicht *Cotyledon L.* wofür er von Einigen mit Gewalt gehalten wird), dessen weißliche Blüthenblätter, auf der Rückseite mit grünem Sterne durchzogen, inwendig roth punktirt sind, das schöne Johanniskraut (*Hypericum pulchrum*), der großblumige Fingerhut (*Digitalis ambigua Schk.*), der ährenblüthige Ehrenpreis (*Veronica spicata*), die Federnelke (*Dianthus caesius Sm.*), welche mit dem Goldlack (*Cheiranthus Cheiri*), der schönen deutschen Schwertlilie (*Iris Germanica*) und den frühen goldgelben Blüthensträußen des Bergsteinkrauts (*Alyssum montanum*) die Felsen gleich dem schönsten Teppiche überzieht, das Goldhaar (*Chrysocoma Linosyris*) und der münzartige Thymian (*Thymus Calamintha Scop.*) mit seinem angenehmen Zitronengeruch: alle wahre Gartenzierden.

Außerdem sind da: die verschiedenen Arten von Ahorn (*Acer campestre, platanoides*, der seltene *Monspessulanum*, hier unzweifelhaft wild, *Pseudo Platanus*), welche, besonders der letztere, ein zähes, hartes, schön mar-

morirtes Holz liefern, das nicht wurmstichig wird, und eine..
Saft, aus welchem man durch Einkochen 2c. Zucker darstellen
kann; ferner die einheimisch gewordene Rainweide (*Ligu-
strum vulgare*), durch Holz und Frucht nützlich und wegen
ihrer wohlriechenden Blüthen zu Hecken sehr zu empfehlen,
die **Wasserschwertlilie** *(Iris Pseud-Acorus)*, deren
schöne Blüthen gelb färben und deren Wurzel als *radix Iridis
nostralis* officinell war, der **Sumpfschirm** *(Sium nodi-
florum)*, die rundblätterige, grüne und andere Arten und
Abarten der gewürzhaften **Münze** *(Mentha rotundifolia,
viridis, nepetoïdes Lej.)*, die dünnblätterige **Raute**
(Sisymbrium tenuifo'ium), der **rothe Klee** *(Trifolium
rubens)*, ein gutes Futterkraut, die **blaue Seslerie**
(Sesleria caerulea Ard.), die **kleine Färberröthe**
(Asperula cynanchica) mit rothfärbender Wurzel, das
weiße und **Felsensedum**, die **fette Henne** *(Sedum
album, rupestre et Telephium)*, deren Kraut und Wurzel
als Heilmittel dienten, das schöne **Sonnenröschen** *(Cistus
Helianthemum)*, der höchst gewürzhafte wilde **Thymian** *(Thymus Serpyllum)* mit seinen Abarten, die **großblüthige Braunelle** *(Prunella grandiflora et laciniata)*,
welche Farbe- und Gerbestoff enthält, das **Vogelnest**
(Ophrys Nidus avis), das **Sandgänsekraut** *(Arabis
arenosa Scop.)*, die **Brillenschote** *(Biscutella laevigata)*,
der **jährige Sesel** *(Seseli annuum)* und mehrere Arten
der schmarotzenden **Stagwurz** *(Orobanche arenaria B.,
rubens Wallr., vulgaris DC., caryophyllea, caerulea Vill.
et ramosa.*

Dritte Excursion nach der Eremitage.

Auch in der romantischen Umgebung der Eremitage, einer Felsenwohnung im Güldenbachsthale, kommen manche seltene, mitunter sehr geschätzte Pflanzen vor, deren Werth als Arznei= mittel sicherlich auch schon den frommen Einsieblern bekannt war, die dort in Selbstbetrachtung und zum Wohle ihrer sie aufsuchenden Mitbrüder ehedem lebten.

Schon auf dem Wege dahin in den Feldern, Wiesen und Weinbergen, wie überhaupt in der Umgegend Kreuznach's kommen vor:

Der frühzeitige Ehrenpreis (*Veronica praecox*), der großblüthige Mannsschild (*Androsace maxima*), in vielen Gegenden selten, hier gemein, die sibirische Schwertlilie (*Iris Sibirica*), deren Wurzeln in Rußland den Arzneischatz bereichern, der Wiesen=Salbey (*Salvia pratensis*), hier so häufig, daß die Wiesen fast die Farbe seiner schönen violetten oder rothen Blüthen, wovon sie über= zogen werden, annehmen, das kräftige wohlriechende Ruchgras (*Anthoxandum odoratum*), die Grasnelke (*Statice Armeria*), welche in ihrer Zwergform als englisches Gras häufig in den Gärten zur Einfassung der Beete gepflanzt wird, der allbekannte Schnittlauch (*Allium Schoenopra- sum*), das Siegmarskraut (*Malva Alcea*), der Scho= tenklee (*Lotus siliquosa W.*), der heilkräftige Löwen= zahn (*Leontodon Taraxacum*), der breitblätterige Ehrenpreis (*Veronica latifolia et Teucrium*), die giftige Herbstzeitlose (*Colchicum autumnale*).

An den Wegen prangen außer den gewöhnlichen Obstbäumen: der stolze Wallnußbaum, dessen Holz unter allen Europa's das beste für Tischler und Drechsler ist und dessen Rinde braun oder schwarz färbt, während die Früchte auf verschiedene Weise, unreif eingemacht oder reif zur Speise, zum Auspressen von vortrefflichem Oel, und als Arzneimittel benutzt werden, der Mandelbaum (*Amygdalis communis*), zwar aus Griechenland stammend, aber hier seine vollkommene Ausbildung erreichend, mit völlig reifen Früchten von allbekanntem und weitverbreitetem Gebrauche, der Pfirsichbaum (*Amygdalus Persica*) aus Persien, dessen Frucht auch hier das edelste Steinobst bietet, der Aprikosenbaum (*Prunus Armeniaca*), in Kleinasien heimisch, gedeiht hier vortrefflich.

Auf Feldern und Aeckern stehen: das flockige und bestäubte Wollkraut (*Verbascum floccosum* et *pulverulentum Nill.*), der Venusspiegel (*Campanulo Speculum*), ein niedliches Zierblümchen, die Haftbolde (*Caucalis latifolia L.*), der Briefsamen (*Caucalis grandiflora*), die Erdkastanie (*Carum Bulbocastanum Koch.*), hier sehr häufig, deren Wurzelknollen roh oder gebraten als gesunde Nahrung dienen, die knollige Platterbse (*Lathyrus tuberosus*), deren genießbare Knollen süß und kastanienartig schmecken und viel Stärkemehl enthalten, der schöne Adonis (*Adonis annua G. a.*) *aestivialis*, β.) *citrina*, γ.) *flammea*), die Schleifenblume (*Iberis amara*), die Zyane (*Centaurea Cyanus*), die Sommerflockenblume (*Centaurea Solstitialis*), das Sichelkraut (*Sium Fulcaria*), Arten der Kresse (*Lepidium ruderale, Draba, graminifolium*), hier sehr gemein, anderwärts selten, das

Spatzenkraut *(Stellera Passerina)* und das Knorpel=
kraut *(Polycnemum arvense)*.

An den Fußwegen und Hecken der Eremitage trifft man
das Hasenohr *(Bupleurum falcatum)*, die Mannstreu
(Eryngium campestre) mit genießbarer Wurzel, Arten der
Hundsrose *(Rosa canina)*, woran oft durch den Stich der
Rosengallwespe *(Cynips rosae)* Auswüchse entstehen,
unter dem Namen „Siebenschläfer" bekannt, deren
Früchte die Hahnbutten sind und deren dichtes, feines Holz
zu eingelegter Arbeit benutzt wird, der deutsche und Mit=
telschlag=Aland *(Inula Germanica* und *media MB.)*,
die Haferwurz *(Scorzonera laciniata [octangularis])*, der
Gänsefuß *(Chenopodium opulifolium Schrad.)*, das Fin=
gergras *(Panicum Dactylon)*, welches wuchernd zur Be=
festigung des Sandbodens dient, und das Liefchgras
(Phleum Boehmeri).

Außerdem finden sich vor: die Sonnenwende *(Helio-
tropium Europaeum)*, eine seltene Pflanze, dort gemein in
den Weinbergen, der Wingertsalat *(Fedia carinato
Mor.)*, die Kugelblume *(Globularis vulgaris)*, der
Frühlingsadonis *(Adonis vernalis)*, die kugelrunde
Rapunzel *(Phyteuma orbiculare)*, das Sonnenröschen
(Cistus Fumana et Apenninus), der Sponheimische
Steinbrech *(Saxifraga Sponhemica Gm.)*, das jüdische
Glaskraut *(Parietaria diffura M. et K.)*, der Wald=
meister *(Asperula odorata)*, das Hauptingredienz zum
Kräuterwein, der epheublätterige Ranunkel *(Ranun-
culus hederaceus)*, die Ackerplatterbse *(Lathyrus
Aphaca)*, der Wolverley *(Arnica montana)*, als Arznei=

mittel in der Medicin gebräuchlich, der Waid *(Isatis tincto-ria)*, in verschiedenen anderen Gegenden zum Blaufärben gezogen, der officinelle und gelbe Augentrost *(Euphrasia officinalis et lutea)*, der Lavendel *(Laven-dula Spica)* mit seinen flüchtig reizenden, nervenstärkenden Blüthen, der giftige Seidelbast *(Daphne Mezereum)*, die Trauben- und schopfblüthige Hyazinthe *(Hyacynthus racemosus et comosus)*, der feinblätterige Lein *(Linum tenuifolium)*, die Hirschwurz *(Athaman-tha Cervaria)*, als Vieharzneimittel bekannt, der Kreuz-born *(Rhamnus catharticus)*, aus deſſen reifen Beeren das Saftgrün gewonnen wird, die liebliche Maiblume *(Con-vallaria majulis)*, der immergrüne Epheu *(Hedera Helix)*, im Alterthum des Bacchus und gekrönter Dichter schönes Sinnbild und die edle Rebe *(Vites vinifera)*, dem Kaukasus entsproſſen, zum Segen der Gegend hier heimisch geworden in mancherlei Arten und Abarten, wie: der blumige und feurige Rießling, besonders in Kiesfeldern, der starke und süße Traminer, häufig in schwerem und nahrhaftem Bo-den, der frühreife angenehme Ruland in leichtem, sandi-gen, meist flachen Lande, der dünnhäutige, saftige Klein-berger in gemischter Erde, der flüchtige Franke in un-günstiger Berglage, auch, wenn gleich seltener, der Muska-teller, Orleans, Velteliner u. a. m.

VII. Promenaden und Vergnügungsörter der Stadt.

1. Die Badeinsel und das Salinenthal.

Zwischen den beiden Nabarmen ist nicht nur der Kurfrem=
den Sammelplatz in den üblichen oder verordneten Tages=
stunden, in denen sie der Najade opfern, sondern zugleich ein
sehr beliebter Spaziergang und Belustigungsort für jeden
Fremden und Einheimischen. Denn dem Freunde der Natur
bietet sie ihre geschmackvollen Anlagen und von dem Balkon
der Elisenquelle eine durch reichen Wechsel des Bildes ausge=
zeichnete Umschau, dem Liebhaber geselliger und geistiger
Erholung von der Terrasse und in den Sälen des Kurhauses
eine ausgesuchte Gesellschaft, und Jedem, der sich gerne durch
Musik oder beim Gläserklang erheitert, außer dem Kursaale
eine schöne Auswahl comfortabler Hôtelsäle dar. Häufig
dehnt sich auch die Promenade weiter aus am Ufer der
Nahe hin auf beschattetem Fußwege durch ein äußerst lieb=
liches Thal, erst nach der Karlshalle auf dem rechten
Nahufer, dann über die dortige Nahbrücke, von welcher dem
Auge sich eine prächtige Aussicht über die Stadt hin öffnet,
nach der Theodorshalle auf dem anderen Ufer. Beide
Salinen haben ihre Trinkbrunnen und Badeeinrichtungen,
die Theodorshalle auch einen Kurgarten mit öfterer Musik
und einer Restauration. Lohnend ist ein Gang durch das
Getriebe der Grabir = und Kochhäuser, so wie nach dem nahen
Salinenwäldchen mit seinen schattigen Gängen und
seiner botanischen Ausbeute. Zur Abwechselung wird der
Rückweg zur Stadt gewöhnlich über die Salinen=Chaussée am

ranier Hôtel vorüber durch eine Reihe lauter neuer Bade=
häuser und Anlagen genommen, welche mit der Badeinsel
den schönsten Stadttheil bilden und alle Kreuznach's Heil=
quellen ihr Dasein verdanken.

2. Das Casino

am Binger Thore, 1833 von einer Gesellschaft aus den gebil=
deteren Einwohnern der Stadt zum Vereinigungsorte erbaut
und jedem Kurfremden auf seine Anmeldung hin offen. Man
kann das Leben in ihm nicht treffender schildern, als es der
beredte Mund seines verewigten Vorstehers — Dr. Petersen —
mit den Worten gethan:

„Um des Tagewerkes Sorgen und Mühen zu vergessen,
verläßt in den Feierstunden der Geschäftsmann seine Betrieb=
stätte, der Beamte sein Büreau, der Gelehrte seine Bücher;
und hier kreisen dann in ungetrübter Freude die Becher, beim
Becherklange erschließen sich die Herzen, und strömt der Mund
beredt über von dem, was der Geist denkt und das Herz fühlt.
Mit dem Ernste wechselt der Scherz, und beiden zur Seite
wandeln die Grazien, deren erkorne Lieblinge, die Frauen
und Jungfrauen der Stadt, wir freundlich in diese Säle ein=
laden. Hinzu tritt die Macht der Tonkunst, und in anmuthi=
gen Bewegungen schwebt der Jüngling an der Hand der zarten
Jungfrau durch die freundlichen hellen Räume, und fortge=
rissen von der Freude mischen sich Väter und Mütter mit
hinein in den frohen Reigen und verjüngen sich im Kreise der
Jugend, mit der sie nochmals ihre Jugend durchleben. So
reihen sich Tage an Tage und flechten einen schönen Kranz
abwechselnder veredelter Genüsse in das Leben, und, wenn

das Jahr abklingt, stehen wir staunend da und fragen uns,
wo die Stunden hingeflogen sind. Und dieser gesellige Bund,
kann er ohne Einfluß auf das öffentliche Leben, die öffentliche
Sitte und Bildung gedacht werden? Welche Nahrung gewährt
es dem Geiste, mit Männern von Bildung seine Ideen aus=
zutauschen? Wann fühlen wir uns inniger mit unsern Brü=
dern verwandt, als wenn Frohsinn die Herzen Aller durch=
bringt? Sollte die Harmonie, die in diesen Sälen so oft
Aller Herzen bewegte, nicht auch im bürgerlichen Leben wie=
derklingen? Ja! segensreich sind die Früchte, die diesem
Hause entsprossen."

Wird das Verlangen wach, des Hauses geräumige Unter=
haltungssäle mit einer Promenade in freier Natur zu ver=
tauschen, so laden dazu die schönen Anlagen hinter demselben
lockend ein. Lichte Plätze, mit Kugelakazien und Rosen be=
pflanzt, wechseln dort mit dunkeln Gängen, über welche
wildes Gehölz seine dichten Schatten wirft, und während ein
kleiner Pavillon auf der Höhe die lieblichste Aussicht auf die
Umgebungen der Stadt eröffnet, versetzt uns die düstere
Tiefe mit ihrem bemoosten Tempel in eine waldige Einöde. —
Uebrigens steht auch jederzeit eine Auswahl trefflich bereiteter
Speisen zu Gebot, und für die Aechtheit eines ausgesuchten
und doch billigen Glases Wein bürgt die Gesellschaft durch
eigenen Ankauf. Musik, Lesecabinet und Bälle erheitern den
Besuch.

3. Die Kisky'sche Insel mit der Stadt Hamburg
ist altstädter Seits ein anmuthiger Park mit einem Hôtel
zwischen der Nahe und dem Mühlenteiche, welcher den Be=

suchenden in heißen Sommertagen die doppelte Kühlung des vorüberrauschenden Wassers und der luftigen Baumgruppen gewährt. Da der Eigenthümer zugleich für eine feine Küche, ausgesuchte Getränke und gute Harmonie Sorge trägt, und bei plötzlicher Ungunst der Witterung die geschmackvolle Woh= nung eine angenehme Zuflucht bietet, so ist der Besuch in der Badesaison anziehend und zahlreich.

4. Andere Vergnügungsörter der Stadt und nahe Spaziergänge sind: die Gartenanlagen des Hôtels Adler auf der Hochstraße, häufig besucht von Fremden, hauptsächlich aber von Bürgern der Stadt, welche das treffliche, meist selbstge= zogene Glas Wein und die ausgezeichnete Küche des freund= lichen Besitzers (J. Hessel) lieben.

Die lieblichen Gärten der verschiedenen Hôtels der Inselstadt und Salinenstraße, unter denen der Rheinstein und Oranienhof schon durch ihre Größe imponiren und durch ihre schöne Lage in reizender Landschaft anziehen.

Auch die Höhe des Brückes, rothe Ley genannt, (½ Stunde), auf der Chaussée nach Bingen, am neuen Bahnhofe vorüber, wird wegen ihrer bereits geschilderten Aussicht über die Stadt und deren Umgebungen viel besucht, zumal da die wohlrenommirte Bahnhofsrestauration (Becker) jederzeit dem Vorüberwandelnden angenehme Er= frischungen und bei mäßigem Preise einen lieblichen und feurigen Rebensaft verabreicht.

Eine andere Promenade nahe bei der Stadt, besonders bei großer Hitze zu empfehlen, ist am Casino vorüber auf der

11 *

Stromberger Chaussée nach der schönen Aussicht (¼ St.), eine Restauration, welche die Annehmlichkeit der Lage durch Speisen und Getränke würzt.

Wer dagegen einen einsamen Spaziergang durch ein von dunkelm Grün beschattetes Thal vorzieht, der wende seine Schritte am Rüdesheimer Thore nach der nahen Lohr (¼ St.), wo ihn Nichts stört in stiller Selbstbetrachtung, als das Zwitschern der Vögel und das eintönige Klappern einer zu einfacher Erquickung einladenden Mühle.

Verlassen wir die Altstadt durch das Mannheimer Thor auf der Chaussée nach Hackenheim, so treten uns über weiten Fruchtfeldern, hie und da vom Grün der Futterkräuter durchschimmert, von den aufsteigenden Hügeln die regelmäßigen Pflanzungen des Weinstocks wie eine große Kette künstlicher Gartenlauben entgegen. Links von ihnen kommen wir am Friedhofe vorüber, geschmückt mit einer gothischen Kapelle und zahlreichen Denkmälern, welche wehmüthige Liebe in dankbarer Erinnerung den Heimgegangenen gesetzt hat.

Links davon führt ein Seitenweg zum sogenannten Pfalzsprung, ehemals ein Graben, jetzt ein Ackerfeld, worauf im Zwischenraume von 27 Fuß zwei Denksteine den gewaltigen Sprung zeigen, welchen 1603 der Kurfürst Friedrich IV. zur Verwunderung vieler Zuschauer sein Pferd hier machen ließ. (Die Worte der Inschriften sind: Anno Salutis MDCIII. IIII Die Martii Friederic. IIII. Com. Palat. Elect. Dux Bavar., etc. Ab Hoc Lapide ad Inferiorem. (et ad Hunc Lapidem a Superiori) Fortunante Deo Saltavit Equo.)

Auf der Chaussée die Höhe hinansteigend erreichen wir

den Darmstädter Hof (³/₄ St.) mit einer kleinen Restauration und einer neuen Ansicht der Stadt, die hier als Kernpunkt aller bisherigen Schilderungen erscheint. Denn von den mächtigen Gebilden der Hardt, vom Mönchberg, Rheingebirg und Scharlachberg, welche den Blick begrenzen, zieht sich derselbe immer wieder zurück auf die liebliche Stadt mit ihren bescheidenen und stolzen Gebäuden, die sich zum Strome drängen, als wollten sie ein Gehäugniß suchen an den silberhellen Wassern, welche die reizende Landschaft in Schlangenwindungen durchfließen.

Außerdem gibt es noch eine Menge kleiner Spaziergänge um die Stadt, so wie zahlreiche Wirthschaftslocalien mit schattigen Lauben in derselben, welche meistens ganz geschmackvoll zur Belustigung der Gäste eingerichtet sind, aber alle einzeln aufzuzählen zu weit führen würde.

5. Die v. Recum'sche Anlage und der Kauzenberg.

Eine der anmuthigsten Parthien bei der Stadt ist noch die nach dem Kauzen- oder Schloßberge. Vor dem Rüdesheimer Thore führt ein Weg zuerst zur geschmackvollen Anlage der Erben des verstorbenen Herrn v. Recum, eines Mannes, der vom pfälzischen Landschreiber in Simmern bis zum Gesetzgeber im Corps législatif zu Paris und zum bairischen Geheimrathe emporgestiegen war und den Rest seines vielfach bewegten Lebens hier theils den Musen, theils der rationellen Landwirthschaft gewidmet hatte. Ein schönes Schlößchen am westlichen Fuße des Berges in reizender Umgebung fesselt sofort des Eintretenden Auge. Dann rechts einbiegend empfängt uns ein lieblicher Garten, worin die

herrlichsten Obstbäume mit den fremden Gewächsen des Treib=
hauses an Schönheit wetteifern. Ein anmuthiger Weg längs
dem Ufer eines spiegelglatten, von Schwänen bevölkerten
Weiers, dessen Cypressen das Grabmal der ersten Gemahlin
des verstorbenen Besitzers beschatten, leitet zu den Schatten
eines Parks, wo ein erfrischender Quell, welcher den Weier
speist, seine kühlende Labung bietet. Auf sanftansteigendem
Weg gelangen wir dann bald zur Berghöhe, von welcher auf
hohem Postamente ein steinerner Löwe mit der Inschrift
M. M. MCCLXXIX (Michel Mort 1279) zur Erinnerung an
dessen Heldentod trotzig nach der Kampfstätte hinüberblickt.
Vom Schlosse Dhaun her ließ ihn nach dessen Ankauf Herr v.
Recum hierhin bringen und sinnreich über Mort's Geburts=
stadt auf den Trümmern der (1689) zerstörten altiponheimi=
schen Kauzenburg aufstellen. Die Weinberge auf der
Abbachung des Schloßberges gehörten ehedem theils dem
Hospitale, theils der kurfürstlichen Hofkammer und lieferten
nur gewöhnlichen Tischwein, sind aber von dem nachmaligen
Käufer v. Recum so trefflich cultivirt worden, daß der
„Kauzenberger" zu den vorzüglichsten Weinsorten des Nah=
gaus gehört. Eine Terrasse hinter den Oeconomiegebäuden,
welche mit den Resten der alten Burg die östliche Bergspitze
einnehmen, gewährt einen Ueberblick über die kunstreich ange=
legten Weinberge. Obgleich die Höhe des Berges nicht be=
trächtlich ist (480 Fuß), so gestattet sie doch eine weite Umsicht
und gibt der Feder wie dem Pinsel reichen Stoff zu einem
Rundgemälde, dessen Glanzpunkt wieder die am Fuße ge=
bettete Stadt ist, dessen Umgebung aber einen solchen Wechsel
von Naturschönheiten enthält, daß das Auge sich ungern von

ihnen trennt. Beim Weitergange zum „neuen Tempel" durch Reben = und Mandelbaumpflanzungen verschwindet jene Umsicht allmählig, und, angelangt unter den schattigen Bögen desselben, sehen wir auf das ergötzliche Treiben der Kurgäste an der Elisenquelle herab. Ein schmaler Fußweg durch den weinreichen Belz leitet zur Nahe hinab, wo eine Fähre zum anderen Ufer übersetzt, und ein Weg demselben entlang durch die Petersgasse zur Stadt zurückführt.

VIII. Ausflüge in Kreuznach's Umgebungen.

1. Die Ebernburg. (1 Stunde.)

Nicht nur zu den schönsten, sondern auch geschichtlich merk= würdigsten Ausflügen in Kreuznach's Umgebungen gehört unbedingt der nach der Ebernburg. Während die Loco= motive schon in acht Minuten nach der Saline Münster fährt, braucht der Fußgänger dahin durch das Salinenthal über die Karls = und Theodorshalle fast eine Stunde. Allein die ge= nußreiche Promenade, an deren Schluß uns die Eisenbahn= brücke vor dem Dörfchen Münster, links auf nacktem Porphyr= felsen das zertrümmerte Mauerwerk des Rheingrafensteins und vor uns die Ebernburg auf stumpfem Kegel entgegen= treten, entschädigen reichlich für die längere Wanderung zu Fuß. Hinter dem letzten Gradirhause setzt eine Fähre zum bairischen Ufer über und hier führen von der Restauration „Sickinger Hof" zwei Wege, ein Fahrweg und ein steiler Fuß= pfad, zur „Herberge der Gerechtigkeit," ehemals so stolz von ihrer Höhe herabschauend, daß man glaubte, des gesammten

römischen Reichs Streitkräfte seien nicht im Stande sie zu
erobern. Und doch erlag sie der Gewalt und war Jahrhun=
derte lang ein Trümmerhaufe ohne Spur der einstigen Form,
bis vor zwei Jahrzehnten der jetzige Besitzer, Günther von
Bingart, demselben ein neues Leben einhauchte und daraus einen
modernen Kunstbau schuf, welchem er alterthümliche Ge=
stalt und Ausschmückung gab. Zu dieser gehören die man=
cherlei, im Innern aufgestellten Antiquitäten, welche meistens
beim Aufräumen des Schuttes im Burgrevier und in einem
senkrecht bis in das Niveau der Nahe hinabsteigenden Brun=
nen gefunden worden sind. Die Aussicht von der Burg
verändert sich nach dem Standpunkte, den man annimmt,
völlig, weßhalb es rathsam ist, zum Ueberblick des ganzen
Rundgemäldes die Thurmzinne des Burghauses zu wählen.
Vor uns nach Norden hin steigen aus dem Flußbette der
Nahe senkrecht in die Höhe die riesenhaften Wände des
Rothenfels, an dessen Fuß sich die Eisenbahn hinkrümmt;
östlich hinter dem Zusammenfluß der Nahe und Alsenz liegt
das Dörflein Münster mit seinen Salinen, und drohend
hängt über dasselbe herab der zackige Kegel des Rheingra=
fensteins; südlich hin zieht sich das liebliche Alsenzthal, in
welches sich die Waldschluchten der rings aufgethürmten
Berge öffnen, und wird das Auge durch die Ruinen von
Altenbaumberg gefesselt; rechts nach Westen hin sieht es
den Lemberg und in der Ferne des Soonwaldes düstere
Schatten, gerade unter der Burg aber das Dörfchen Ebern=
burg mit seinen Gärten, Wiesen und Feldfluren. Nach
diesem herrlichen Genusse erwartet uns ein anderer in den
mit großem Geschmack eingerichteten Zimmern oder in dem

mit den Bildnissen von Sickingen's Gattin, Hedwig von
Flörsheim, Ulrichs von Hutten u. a. gezierten Saale der
Restauration. Bei einem Glase feurigen Ebernburgers,
der Sonnenseite des Burgkegels entwachsen, bespricht sich
gemüthlich des Schlosses alte Geschichte.

Die „Ebernburg.“

1.

Wo rasch der Alsenz Wasser fließet
Und brausend in die Nah sich gießet,
Auf hohem Kegel stand ein Schloß
Für Ritter, Knappen, Mann und Troß.

Und wo verjüngt sich heut' entfalten
Der Vorzeit sinn'ge Baugestalten,
Hatt' einst die Wach' ein hoher Thurm
Und späht' ein Wart nach fernem Sturm.

Und gegen Sturmes Dräu'n zur Wehre
Erhob so kühn zum blauen Meere
Der Luft gezackt die Zinn' ihr Haupt,
Daß nie die Kron' ihr ward geraubt.

Da wagt's von Bamberg her zu schleichen,
Um schlau die Krone zu erreichen
Ein Raugraf tief in dunkler Nacht
Mit auserwählter Heeresmacht.

Schon sprengt er an auf kühnem Rosse
Voraus dem allzu säum'gen Trosse:
Der stürmt ihm nach zum Schloß hinan,
Erklettert rasch die steile Bahn.

Da rollt herab mit dumpfem Krachen —
Ein Zeichen, daß die droben wachen —
Ein schwerer Block von spitzem Stein
Und schmettert Tod in Feindes Reih'n.

Ein And'rer brüllt ob seiner Beulen;
Doch Alle höhnt ein grunzend Heulen,
Das schrecklich aus dem nahen Wald
Wie aus der Hölle widerhallt.

Und gräßlich — das beschworen Alle —
Grinzt nach des Blockes jähem Falle
Der Teufel selbst, gehörnt, sie an
Mit langer Schnauze, Borsten dran.

Der Raugraf bebt auf scheuem Rosse,
Bekreuzt sich vor dem Höllenschlosse;
Es flieht entsetzt die kecke Schaar
Und läuft, bis sie in Bamberg war.

Im Schlosse ruht die Maid vom Kosen,
Der Junker träumt vom Dorn der Rosen,
Der Landsknecht lechzt nach frischem Trunk,
Das Pfäfflein nach des Tisches Prunk.

Der Wart nur hört die Schreckenstöne,
Ihm wird's nicht wohl bei dem Gestöhne;
Doch ihm zu nah'n hat er nicht Lust,
Denn nimmer kam's aus Menschenbrust.

Er stößt in's Horn von hellem Schalle
Und ruft die Schläfer zu dem Walle;
Sie fliegen hin mit Pik' und Schwert,
Vom Brand zu retten ihren Heerd.

Der Tag fing eben an zu grauen,
Und schon vermochte man zu schauen
Ein Wunder, denkbar kaum im Traum,
Gesandt uns aus der Lüfte Raum.

Ein E b e r, borstig, wild, mit Hauern,
Heult grunzend in dem Fuß der Mauern,
Er zappelt, in den Spalt geklemmt,
Strebt vorwärts, auf Geröll gestemmt.

Wohl hatt' er schlau sein Loos geahnet,
Sich einen Weg zur Flucht gebahnet,
Die Mau'r schon bis nach vorn durchwühlt,
Und, eingeklemmt, den Muth gefühlt.

Des Schreiers Läufe faßt die Rechte
Vier derbgebauter Landesknechte,
Entzerrt ihn keuchend seinem Spalt
Und macht mit ihm im Stalle Halt.

Und draußen war vom Blut geröthet
Der Boden rings; vom Block getödtet
Lag Mancher von des Grafen Schaar,
Daß starr der Blick vor Schrecken war.

So ward ein Eber Schutz der Feste,
Auf schlauer Flucht aus seinem Neste,
Er hat den Block hinabgestürzt,
Der manchem Schelm den Tag gekürzt.

2.

Der Graf erhielt nicht wahre Kunde,
Und wähnt das Schloß in höll'schem Bunde,
Doch kocht's ihm heiß in seiner Brust,
Daß er gebüßt Verräther Lust.

„Nicht eher," schwört, die Faust geballet,
Der Graf, „bis mir die Kund' erschallet,
Getilgt ist mit dem Brand die Schmach!
Sei wieder mir ein froher Tag."

Bald regt sich's Thal, bald kann man sehen,
Die Helme funkeln auf den Höhen,
Bald wirbelt um die Burg der Staub,
Als frech der Feind entführt den Raub.

Er stürmt hinan mit Axt und Widder,
Es büßt die Keckheit mancher Ritter,
Es ist nicht Rast bei Tag und Nacht,
Und voran wird doch Nichts gebracht.

Wohl hatten die bei Vollgelagen
Den Feind gehöhnt, doch leer im Magen
Schlich seufzend hin zum Spiel die Maid
Und lahm der Landesknecht zum Streit.

Noch immer will der Graf nicht weichen,
Er hofft das Ziel doch zu erreichen,
Denn neunmal wechselnd schon das Licht,
Erschien des Mondes bleich Gesicht.

Es will schon Jeder muthlos werden,
Und wie verzweifelt sich geberden,
Es weint die Maid, es murrt der Knecht,
Es wird dem Pfäfflein fastend schlecht.

Jung Sicking nur, der Knapp des Grafen,
Der oben commandirt die Braven,
Pfeift munt're Lieder, scheert sich nicht
Um Hunger und den bösen Wicht.

Und pfiffig naht er sich dem Grafen,
Als er den Hunger will verschlafen,
Und raunt ihm eine List in's Ohr,
Den Feind zu scheuchen von dem Thor.

Es lacht der Graf, vermeinet nimmer,
So grob zu täuschen durch den Schimmer,
Erdacht von Knappen Unverstand,
Den Feind, deß Schlauheit ihm bekannt.

„Ei!" denkt er, „wenn ich's doch probire?
Wie lang noch, so ich doch logire
Gefangen in dem Burgverließ,
Es wankt die Treue überdies."

Drauf läßt er schleifen am Behänge
Zum Hof den Eber mit Gepränge,
Und Mancher schon den Schnabel wetzt,
Als man zum Stich das Messer setzt.

Doch lebend zerren sie den Schreier —
Ihm war es just nicht sehr geheuer —
Mit Prügeln zu dem Stall zurück,
So will's der Graf zu seinem Glück.

Denn draußen hört man den Spektakel,
Und glaubt bald an ein neu Mirakel;
Der Graf macht mit den Seinen Kehrt,
Von eines Knappen List bethört.

Wohl dreht er nochmals seinen Rücken,
Des Herzens Wunsch dem Schloß zu schicken,
Doch hätt' er nie die Schmach geahnt,
An die ihn fern ein Rauch gemahnt.

Denn dort am Feuer bei dem Glase,
Verhöhnt ihn mit gerümpfter Nase
Ein Knappe, als der Graf zu Roß
Die „Ebernburg" benennt das Schloß.

Dies ist die Sage von der Entstehung des Namens
„Ebernburg." Eine andere knüpft diese an ein Jagdaben-
teuer, wobei des Schlosses Besitzer, Raugraf Rupert, durch
den Rheingrafen Heinrich, den glücklicheren und darum von
ihm gehaßten Mitbewerber um Jutta von Montfort, vom
sicheren Untergang durch die Hauer eines verwundeten Ebers
gerettet worden sei. Dadurch versöhnt, habe er das Schloß
„Ebernburg" genannt, und zur steten Erinnerung einen in
Stein gemeißelten Eberkopf über dem Eingangsthore ange-
bracht.

Den rheinfränkischen Herzögen schon gehörte die Burg und
war daher ein Erbtheil der salischen Kaiser, von denen sie als
Lehn bald pfandweise, bald käuflich an verschiedene gräfliche
und altadelige Häuser kam, so an die Rheingrafen (im
zwölften Jahrhundert), an die Grafen von Leiningen (1237),
an die Raugrafen (1338), an die Grafen von Sponheim, an
die v. Winterbecher (1430) und Dietrich Knebel von Katzenelnbogen, an Reinhard von Sickingen (1448), an Kurpfalz
und von dieser durch den Kurfürsten Philipp für eine Schuld-

forderung von 2100 Gulden an „seinen Oberhofmeister und Amtmann Schwicker von Sickingen mit Zugehör zu männlichem und weiblichem Erblehen, doch so, daß die Burg von dem Kreuznacher Burgfrieden nicht getrennt werden dürfe."

Das Geschlecht derer von Sickingen, ursprünglich im Kraichgau begütert, entlehnte seinen Namen von einer Burg bei Bretten und zählte zu seinen Ahnen Albrecht von Sickingen in der ersten Hälfte des zehnten Jahrhunderts. Von Schweikard VIII., bekannt durch seine kühne Thaten, und Margaretha von Hohenberg stammte Franz v. Sickingen (geb. 1. März 1481), klein zwar an Gestalt, aber begabt mit einem großen Geiste und einer ungezügelten Sehnsucht nach einem fernen hohen Ziele. Schon als Knabe zeigte er ein schnellfaßliches und teckes Wesen, welches frühzeitig zu ungewöhnlicher Schärfe des Urtheils und Selbstständigkeit des Willens reifte. Vom vierzehnten Lebensjahre an, worin er Knappe wurde, durch Geiler von Kaisersberg und Johann Reuchlin unterrichtet, aber mehr noch durch das Beispiel gediegener Männer seiner Zeit und in der Kriegsschule seines Vaters, dessen Neigung zu geheimen Künsten er theilte, herangebildet, mußte er diesen, der gewaltthätigen Verletzung der Reichsgesetze und des Hochverraths angeklagt und schuldig erklärt, unter dem Henkerbeile verbluten sehen. Nachdem er sein Erbe, darunter auch Ebernburg und Nanstein (Landstuhl), angetreten, trat er in Ehe mit der liebenswürdigen Hedwig, Hans v. Flörsheims einziger Tochter, und als Amtmann in Kreuznach in kurpfälzischen Dienst. Schon 1515 raubte ihm der Tod seine Gattin im Wochenbette, nachdem sie ihm drei Söhne und drei Töchter geschenkt hatte, und so tief und anhaltend war sein

Schmerz über den Verlust eines Weibes, welches nicht selten
durch die Sanftmuth ihres Charakters seine aufbrausende
Hitze gezügelt und so oft, während er selbst mit Roß und
Reisigen zu Felde lag, der Burgen Schutz und Schirm mit
ritterlicher Hand geleitet hatte, daß ihn, obwohl im kräftigsten
Mannesalter, doch Nichts zu einer zweiten Ehe vermochte.
Als Franz von Sickingen im venetianischen Kriege für Kaiser
Maximilian I. und im Dienste des Erzbischofs Uriel von
Mainz seine Kraft erprobt hatte, schritt er zu größeren Unter=
nehmungen auf eigene Faust und nahm sich zuerst (1514) eines
aus Worms vertriebenen Notars, Balthasar Slör, wider die
Stadt an, „indem er ein Schiff niederlegt mit Burgern auf
dem Rhein, als sie gen Frankfurt in die Fastenmeß fuhren,
und ihnen wegnahm, was sie bei sich hatten, sie auch fing
und um eine große Summe schätzte." Unter seinen Waffen=
brüdern waren damals Götz v. Berlichingen und Hans v.
Selbitz, von denen Kaiser Maximilian zu geplünderten Kauf=
leuten sagte: „Was ist das? Heiliger Gott! Der eine hat nur
e i n e Hand, der andere nur e i n Bein; wenn sie erst zwei
Hände und zwei Beine hätten, wie wolltet Ihr dann thun?"
Mit 6000 Mann zu Fuß und 1100 Reitern rückte er hierauf
trotz Acht und Aberacht des Kaisers vor Worms und „hat es
belagert, darein geschossen und stürmen wollen, mußt' aber
abziehen," weil die Kaiserlichen aus Hagenau und die von
Frankfurt der Stadt zuzogen. Obgleich v. Sickingen nun zur
Ersparniß der Kosten einen großen Theil seines Heeres ent=
ließ, so war damit doch der Span nicht zu Ende, sondern
„hat noch drei ganze Jahre gewährt, und ist noch die Stadt
für und für allen Burgern versperrt gewesen, daß Keiner

sicher aus = oder einwandeln durfte. Dann vermeldter v. Sickingen hat allezeit seine bestellten Reiter gehabt, so auf allen Straßen um die Stadt Worms gestreifet, und wo sie einen Burger nur in seinem Weingarten oder sonst im Felde an seiner Arbeit ansichtig wurden, haben sie ihn, wo er nicht entfloh, gefangen und hinweggeführt." Ja erst 1521 wurde dieser Wormser Handel durch schiedsrichterlichen Spruch der beiden Kurfürsten von Trier und Sachsen dahin geschlichtet, daß Keiner dem Andern etwas schuldig sei. — Sein zweites größeres Unternehmen war gegen den Herzog Anton III. von Lotharingen gerichtet, welcher seinen Freund, den Grafen Gangolf v. Geroldeck, um ein Silberbergwerk und etliche Burgen gekränkt hatte. So rasch fiel er über den Herzog her, daß dieser kaum noch Zeit gewann, seine junge Gemahlin aus dem Hochzeitsgemache nach seiner Hauptstadt zu retten, und alsbald einen völlig befriedigenden Vergleich mit ihm abschloß. Da Franz wegen Worms noch immer in der Reichsacht war, so nahm er die lockenden Anerbietungen des Königs Franz von Frankreich an, welcher ihm für seine Dienste bei der künftigen Kaiserwahl einen Jahresgehalt von 5000 Francs nebst einem Feldherrnstab und einer goldenen Kette anbieten ließ. Hierauf zog er gen Metz und demüthigte die stolzen Patricier, die etliche Verwandte gekränkt und Burger verjagt hatten, „daß sie volle Genugthuung thaten und ihm 30,000 Goldgulden zahlten, daß er wiederum abzöge." Nun wollte es den Kaiser bedünken, daß er nur aus Mißverstand den kühnen und mächtigen Ritter geächtet, weil er ihn brauchte zur Bestrafung des Herzogs Ulrich von Würtemberg, der seines Hauses Ehre schwer beleidigt hatte, und zur Erhe=

bung seines Enkels Karl von Spanien auf den deutschen Thron. Er nahm daher die Acht wieder von ihm und erhielt gegen einen Jahresgehalt von Franz das Versprechen, ihm von nun an treu zu dienen und seine Pläne zu fördern. Inzwischen riefen mehrere Ritter und die eigene Mutter des jungen Landgrafen Philipp von Hessen Franz um Hülfe gegen die Kränkungen desselben an, und im Herbst 1518 rückte er mit zwei Heeresabtheilungen in die hessischen Lande ein und nöthigte den Landgrafen unter Vermittelung des Markgrafen Philipp von Baden zur Abstellung aller Beschwerden und Zahlung einer Kriegsentschädigung von 85,000 Gulden. Gleichzeitig strafte er die Reichsstadt Frankfurt für die der Stadt Worms und dem Landgrafen geleistete Hülfe um 4000 Gulden. 1519 zog er, seinem gegebenen Worte gemäß und gereizt durch die hinterlistige Ermordung Hans v. Huttens, mit Georg v. Freundsberg unter den beiden Baierfürsten gegen den Herzog von Würtemberg und in kurzer Zeit waren des Landes Städte und Festungen erobert. Bei diesem Feldzuge war es ihm vergönnt, seinem alten Lehrer Reuchlin seine Dankbarkeit mit der That zu beweisen, indem er ihm bei der Erstürmung von Stuttgart Hab und Leben rettete und ihn unter seinen kräftigen Schutz auch für die Zukunft stellte. Ebenso freundschaftlich zeigte er sich gegen seinen ehemaligen Waffengefährten Götz v. Berlichingen mit der eisernen Hand, der, in des Herzogs Diensten, bei der Einnahme des Schlosses Möckmühl gefangen vom Rathe zu Heilbronn in ungebührlich strenger Haft gefangen gehalten wurde, weil er eine vorgelegte Urphede nicht unterzeichnen wollte. Franz nöthigte durch Drohungen und persönliches Erscheinen in Heilbronn in

Begleitung seines Freundes Freundsberg den Rath zu einer
förmlichen Verschreibung über Götzens ritterliche Herberge.
Im Lager vor Stuttgart schloß er auch einen unzertrennlichen
Bruderbund mit Ulrich von Hutten, diesem hellen Stern in
finsterer Zeit, worüber dieser selbst an Arnold v. Glauberg
schreibt: „Ich werde von unserem Bundeshauptmann Franz
v. Sickingen mit der größten Freundschaft und Achtung behandelt; er hat mich beständig bei sich; wir schlafen zusammen
und plaudern zusammen, so oft wir freie Stunden haben.
In Wahrheit ein großer Mann, von hohem Geist und Muth,
den weder Glück noch Unglück zu erschüttern vermögen. So
anziehend sein vertrauter Umgang ist, so lehrreich sind seine
Gespräche, wenn die Rede auf bedeutende Gegenstände fällt.
Seine Denk= und Handlungsweisen tragen das gleiche Gepräge des Edelmuths. Dabei haßt er allen falschen Schein
und leeres Gepränge. Dieser Tugenden willen ist er auch
den Soldaten so lieb, daß sie es sehr bedauern, ihn nicht zum
obersten Anführer des Bundesheeres zu haben."

Noch während des Krieges gegen Ulrich von Würtemberg
wurde durch den Tod Maximilians (12. Jan. 1519) die
deutsche Kaiserkrone erledigt. Friedrich, der Weise, von
Sachsen, der nichts Höheres kannte als die Beglückung seiner
ererbten Unterthanen, schlug sie in hochherziger Entsagung
aus. Nun bewarb sich darum Franz von Frankreich und bot
dem simpeln Ritter der Ebernburg für die thätige Unter-
stützung seines Planes 30,000 Kronenthaler baar und eine
Jahresrente von 8000 Sonnenkronen; allein Franz, durch
Robert II. von der Mark in seinem gegebenen Versprechen
bestärkt, lehnte nicht nur das Anerbieten ab, sondern erschien

12 *

auch unter dem Vorwande, die Wahlfreiheit zu schützen, an
dem bestimmten Wahltage mit 15,000 Mann, von denen er
allein 10,000 auf eigene Kosten geworben hatte, vor den
Wällen von Frankfurt und gab dadurch der Sache Karls von
Spanien einen entscheidenden Ausschlag. Der bankerfüllte
neue Kaiser wollte ihm die Reichsgrafenkrone für diesen Dienst
verleihen, aber v. Sickingen, zufrieden mit dem Wappen seiner Väter, schlug dieselbe aus und nahm nur den Titel eines
„obersten Hauptmannes und Kämmerers" mit einem Jahresgehalt von 3000 fl. und einer Leibwache von 20 Küraffiren
an. Gleich darauf fiel Robert II. von der Mark, seiner Meinung nach vom Kaiser in seinen Landesrechten beeinträchtigt,
im Vertrauen auf französische Hülfe in das kaiserliche Gebiet
ein. Da führte Franz allein seinem Reichsherrn 14,000
Mann zu Fuß und 2400 Reiter zu, übernahm 1520 als
„oberster Hauptmann" mit dem Grafen Heinrich von Nassau
und dem Freiherrn von Emmeries die Demüthigung Roberts,
und bald war es um die meisten festen Plätze und die Macht
des Hauses von der Mark geschehen. Gereizt durch die zwei-
deutige Rolle des französischen Königs befahl nun Karl V.
seinen Feldherren v. Sickingen und v. Nassau in Frankreich
einzubrechen. Bald standen Beide vor Mezières, welches
Bayard, der Ritter ohne Furcht und Tadel, auf's Hart-
näckigste vertheidigte. In der äußersten Noth spielte dieser
ein verstelltes Schreiben an Robert von der Mark, welches
vom Verrathe des Grafen von Nassau handelte, v. Sickingen
in die Hände, worüber dieser so aufgebracht wurde, daß er
sich dem Grafen in Schlachtordnung gegenüberstellte. Daburch
gewann Bayard Gelegenheit, seinen König von seiner be-

drängten Lage zu unterrichten, und dieser Zeit hatte, schnell zum
Entsatze herbeizueilen. Zu spät erkannten die kaiserlichen
Feldherren ihre Ueberlistung; unvermögend sich mit einer
frischen Armee zu schlagen, beschlossen sie den Rückzug und
führten ihn meisterhaft aus.

Auf seinem Schlosse zu Ebernburg im Kreise seiner Familie
und im traulichen Umgange mit seinen Freunden suchte Franz
nun Erholung von der Kriegsarbeit; aber zugleich sann sein
nimmer müder Geist wieder auf Mittel zur Ausführung neuer,
größerer Pläne, die auf nichts Geringeres gerichtet waren,
als eine gewaltsame völlige Umgestaltung der kirchlichen und
politischen Verhältnisse Deutschlands. Obgleich Franzens klarer
Verstand schon frühzeitig die Mängel der alten Kirche durch=
schaut hatte, wollte er doch noch 1519 ein Kloster gründen
und wurde nur durch v. Huttens beißende Spottreden davon
abgehalten. Dieser begeisterte ihn jetzt auch so für Luthers
Sache, daß er dem kühnen Reformator in einem Schreiben
vom 3. November 1520 aus freien Stücken seine „willigen
Dienste" anbot. Mit v. Hutten, der, von Rom geächtet, auf
der Ebernburg ein Asyl gefunden hatte, das ihm ganz Deutsch=
land versagt hatte, vereinigten ihre Wirksamkeit auf v. Sickin=
gens empfängliches Gemüth Bucer und Aquila, Feldprediger
auf seinen Burgen und Erzieher der v. Sickingischen Junker,
J. Schwebel, der dort die deutsche Messe einführte, Oecolom=
pad, welcher „ebendaselbst zu allen Tagen der Woche das
Wort Gottes verkündigte und die Epistel und das Evangelium
in unserer Muttersprache las," und endlich Melanchthon, von
Luther gesandt, um v. Sickingens Gesinnungen über die Re=
formation zu erforschen. Der lehrreiche Umgang mit diesen

und anderen erleuchteten Männern seiner Zeit, die auf der
Ebernburg allezeit gastliche Herberge fanden, steigerte all=
mählig des Ritters Begeisterung für religiöse Freiheit bis zu
einer ungezügelten Sehnsucht, ebenso rüstig mit dem Schwerte
durchzuführen, als v. Hutten mit geistigen Waffen wider die
Romanisten in Schriften kämpfte, die von dorther wie eine
glühende Lava ganz Deutschland überschwemmten. Da er aber
wohl einsah, daß er eine solche Aufgabe ohne große Streit=
kräfte nicht würde lösen können, so veranstaltete er (1522)
eine Zusammenkunft der Reichsritterschaft zu Landau, trug
ihr die mancherlei Schmälerungen alter Rechte durch die geist=
lichen und weltlichen Fürsten vor und veranlaßte sie zu einer
engen Verbrüderung unter seiner Führung, dem Namen nach
zur Aufrechthaltung seiner Zucht und Ordnung unter einan=
der, der That nach aber zu gegenseitigem Beistande in jeder
Fährlichkeit. So, seiner Meinung nach, für den Fall der
Noth zahlreicher Helfer versichert, zögerte er, obwohl von
Luther abgemahnt, nicht mehr länger, mit offenem Visire für
seine Pläne hervorzutreten und den Kampf zu beginnen.
Eine Gelegenheit dazu bot sich ihm bald dar. Der stolze Erz=
bischof von Trier, Richard v. Greifenklau, ihm noch verschwä=
gert von mütterlicher Seite und ein abgesagter Feind der
neuen Lehre, hatte zwei trierer Unterthanen, die sich unter
v. Sickingens Bürgschaft durch das eidliche Versprechen, 5000
Ducaten in einer bestimmten Frist zu zahlen, aus der Ge=
fangenschaft zweier Ritter gelöst hatten, ihres Eides entbun=
den. Darob kündigte Franz in seinem und dieser Namen dem
Erzbischof den Krieg an, rückte (1522) mit 10,000 Mann zu
Fuß und 5000 Reitern in das Bisthum ein, nahm Kusel und

belagerte St. Wendel. Als er auch dies sammt vielen Edlen
in seiner Gewalt hatte, warb er diese zum Dienst mit der
Verheißung großen Lohns, „wenn er dereinst, mit dem kurfürstlichen Purpur geschmückt, in die Reihe der sieben Wähler
treten würde," eine Aeußerung, die es klar beweist, daß er
zunächst nach dem Kurhute von Trier gestrebt, um dann als
Kurfürst und vielleicht dereinst, mit noch höherer Würde
bekleidet, der Reformation größere, ja allgemeine Bahn in
Deutschland zu brechen und damit auch eine neue politische
Gestaltung der deutschen Verhältnisse zu verbinden. Indessen,
so günstig der Kampf begonnen war, an Triers festen Mauern
und der muthigen Entschlossenheit der vom Erzbischof ent-
flammten Vertheidiger scheiterte diesmal v. Sickingens Kriegs-
glück; er vermochte nicht in die Stadt einzubrechen, obgleich
sein Geschütz vom schwarzen Berge herab den Brand in die
Wohnungen der Bürger schleuderte, und seine beutelustigen
Schaaren fünfmal mit äußerster Erbitterung stürmten. Da
erhielt er die unheilschwangere Botschaft, Hessen und Pfalz,
des Erzbischofs Verbündete, seien im Anzuge, und ein Zuzug
von 1500 Braunschweigern sei bereits vom Landgrafen von
Hessen abgeschnitten. In Eilmärschen führte Franz (am
14. Sept. 1522) sein Heer zurück, noch unbesorgt wegen der
Zukunft, die doch bereits die gefährlichste Gestalt für ihn angenommen hatte. Denn der Verbündeten Absicht war offenbar, ihn durch ihre Uebermacht zu erdrücken und auf Grund
der über ihn verhängten neuen Reichsacht seine Besitzungen
unter einander zu theilen. Um den Erfolg zu sichern, übernahm Philipp von Hessen vorerst die Einschüchterung von
v. Sickingens Verbündeten, zerstörte während des Winters

(1522/23) die Schlösser derer v. Kronberg und v. Hutten und brandschatzte die Boose von Walbeck und Brömser v. Rüdesheim mit vielen andern Edlen und Rittern. Im Frühjahr 1523 eröffnete Franz v. Sickingen selbst noch den Feldzug durch Brandschatzung von Kaiserslautern und Berennung mehrerer pfälzischen Schlösser; aber bald sah er sich von den überlegenen Streitkräften der drei Fürsten, die persönlich anwesend waren, in Landstuhl eingeschlossen und von jeder Hülfe von Außen abgeschnitten; ja, was er nie gefürchtet hatte, das geschah. Das feindliche Geschütz, durch Verrath eines Maurers, früher in v. Sickingens Diensten, gerichtet, warf das Hauptbollwerk der Burg, einen 14 Fuß dicken Thurm, zusammen und eröffnete dem Sturm eine Bresche von 24 Fuß. Franz, dem solches unmöglich schien, wollte sich selbst davon an Ort und Stelle überzeugen, als ein von einer Kugel zerschmetterter Balken ihn so stark verwundete, „daß man ihm Lung und Leber im Leibe sah." Nun verzweifelte er selbst an seiner Sache, ergab sich am 7. Mai 1523 gegen Zusicherung ritterlicher Haft an die drei Fürsten, nicht ohne bittere Klage über den Trug seiner Sippschaft, „die ihm Hülfe zugeschworen, aber blutswenig gehalten", und überlebte seinen Fall kaum einige Stunden. Noch am 7. Mai hauchte er seine große Seele aus; seine sterblichen Ueberreste aber empfing in einem alten Harnischkasten die Kapelle unter Landstuhl. Erst 1545 setzten ihm seine Söhne in der dortigen Kirche ein steinernes Denkmal, Franzens Bildsäule in Lebensgröße, mit der Inschrift: „Hier liegt der edel und ehrenvest Franciscus von Sickingen, der in der Zeit seines Lebens Kaiser Carolen des fünften Rathe, Kämmerer und Hauptmann gewesen und in Belagerung seines Schlosses Ranstein tödtlich verwundet, vollens uf Donnerstag den siebenten Mai, anno MDXXIII um Mittag in Gott christentlich von dieser Welt seliglich verschieden." 1794 schlugen die Franzosen der Bild= säule den Kopf ab, und vor zwanzig Jahren erbrachen Diebs=. hände das Grab. „Wie alle Guten den Tod dieses Mannes betrauert haben, bedarf keines Wortes. Er war und fiel wie Brutus, und nicht um ein Phantom politischer Freiheit fiel er, sondern um Wahrheit, Licht, Recht, Billigkeit, den Ge= brauch und Genuß der edelsten Güter des Menschengeschlechts:" so feiert Herder v. Sickingens Ausgang.

Nach Landstuhls Fall war es auch bald um die anderen Schlösser desselben und seiner wenigen treugebliebenen Freunde geschehen. Bis zum 16. Mai waren der Drachenfels, Hohen= burg, Dhanstein und Lützelburg in der Feinde Gewalt; nur die Ebernburg schien länger widerstehen zu wollen. Bereits beim Beginne des Feldzugs war sie durch Eberhard v. Schenk eingeschlossen worden, aber durch eine List Hartmuths v. Kron= berg, welcher die Mauern mit einer Menge ausgestopfter Harnische besetzt und dadurch den Feind über die Zahl der Vertheidiger getäuscht hatte, einer längeren Belagerung ent= ronnen. Gegen Ende Mai aber erschienen die drei Fürsten mit der ganzen Heeresmacht vor der Burg, ließen Schanzen gegen die Feste hin aufwerfen und stürmten am 1. Juni zum ersten Mal. Die Besatzung wehrte sich erst tapfer, verlor aber dann, durch den Donner des feindlichen Geschützes ge= schreckt, alle Besinnung und capitulirte am 7., obgleich noch im Besitze von fünf Tonnen Pulver und eines großen Kriegs= und Mundvorrathes, wegen Uebergabe der Burg mit Allem, was darinnen war, gegen die Zusicherung freien Abzugs. Die Sieger fanden darin Kleider und Kleinodien für Frauen, 6000 fl. an Werth, die den Besitzerinnen verblieben, 10,000 fl. an Silbergeschirr, 2000 fl. an Geschütz, Harnischen 2c., und einen Kasten werthvoller Urkunden, welche sie zu sich nahmen.

„Als das Werk der Plünderung vollendet war," sagt v. Hutten in seinem Bullentödter, „begann die Zerstörung jener Herberge der Gerechtigkeit, wo Streitroß und Waffen gewerthet, Müßiggang und Feigheit verachtet waren, wo die Männer im ganzen Umfange des Worts sich zeigten, wo für die Gottheit Verehrung, für die Menschen Sorgfalt und Liebe heimisch war, wo alle Tugenden ihren Preis erhielten, wo Habsucht nicht geduldet, Ehrgeiz geächtet, Meineid und Laster weit entfernt waren, wo Männer von reiner Freiheitsglut erfüllt, verweilten, wo die Leute das gemeine Geld verschmähten und nur nach Großartigem anstrebten, wo die, welche mit Abscheu vor dem Unrecht flohen, stets nur dem gestrengen Rechte folgten, wo man Verträge hielt, Treue ehrte, den Glauben hegte, die Unschuld schirmte, geschworne Eide galten." —

Nach langen Unterhandlungen erhielten endlich v. Sickingens Söhne 1541/42 von Kurpfalz und Kurtrier die väterlichen Schlösser Ebernburg, Landstuhl und Hohenburg nebst Häusern, Gütern und Gefällen unter Vorbehalt ewiger Oeffnung zurück, und unter ihren zahlreichen Nachkommen, deren etliche hohe Reichswürden begleiteten, gab es sogar eine besondere Linie der „Sickingen von Ebernburg;" aber die weitberühmte „Herberge der Gerechtigkeit" hatte mit Franz den Glanz ihres Namens verloren und wurde, als der Sickingen

Geschlecht wieder von der Väter Bekenntniß zur katholischen
Kirche zurückgetreten war, im Orleans'schen Erbfolgekrieg selbst
noch der Sitz eines Glaubensgerichts und confessioneller Ver-
folgungen. Damals zerstörten bei ihrem Abzuge die Franzosen noch vollends, was aus der ersten Schleifung der Feste
übrig geblieben war. Dieselben steckten auch 1794 das Thal-
schloß, um 1750 von K. Ferd. v. Sickingen erbaut, in Brand,
wovon noch einige Reste vorhanden sind. —

Des Dorfes Geschichte ist nur kurz. Mit der Burg kam
es an der Sickingen Geschlecht und wurde 1750 von Karl
Ferdinand v. Sickingen, dem letzten seiner Linie, an Kurpfalz
abgetreten; jetzt ist es bairisch. Von den beiden Dorfkirchen
wird der alten „Johanniskirche" schon 1212 gedacht; sie
ist die erste der ganzen Gegend, worin die Messe deutsch gelesen und Luthers Lehre gepredigt wurde. Im Tumulte des
dreißigjährigen Krieges suchten die Freiherren von Sickingen
den katholischen Gottesdienst wieder in ihr einzuführen und
erregten dadurch einen solchen Aufruhr, daß der Kaiser sich
in's Mittel schlug und die Rückgabe derselben an die Lutheraner gebot. Allein die v. Sickingen kehrten sich daran nicht,
sondern brauchten Gewalt, woraus 1660 ein blutiger Auf-
stand emporloderte, in welchem J. Arnold v. Sickingen
erschossen wurde. Durch die pfälzische Religionserklärung
wurde sie den Lutheranern und Katholiken gemeinschaftlich;
das Patronat mit dem Zehnten besaß bis zur französischen
Besitznahme das Stift Neuhausen.

2. Die Altenbaumburg. (1½ St.)

Von der Ebernburg erreichen wir nach einer halbstündigen
Wanderung entweder auf der Chaussée oder auf dem rechten

Alsenzufer das Thal hinauf das Dorf Altenbaumberg, auf
welches die Trümmer einer uralten Burg herabschauen. Links
vom Dorfe führt ein neugebahnter Weg zum Berge hinan,
dessen breiter, von Ruinen bedeckter Rücken noch das Bild
von der ursprünglichen Gestalt jener stolzen Feste längst ver=
flossener Jahrhunderte zeigt. Nicht von e i n e m Meister rührt
der Bau her, sondern verschiedene Zeiten haben an den um=
fangsreichen Schutzwerken und Wohnsitzen augenscheinlich
gearbeitet. Schon die Grafen des Nahgaus hatten hier ein
altväterliches Schloß, welches Emich VI. 1140 bei seinem
Tode seinem zweiten Sohne Emich, Stifter der Raugrafen,
hinterließ. Seine Söhne Emich und Konrad unterzeichneten
seit 1181 als Grafen von „Boimeneburc" und „Boineburg",
und der Raugrafen Stammsitz blieb die Burg bis 1364, da
die ältere Linie derselben zu Grabe getragen wurde. Die
stolzen Erben von „Nuwenbeimborg" (Neubaumburg) bei
Alzei, 1242 von dem Raugrafen Rupert errichtet, vergaßen
ganz die Wiege ihres Hauses, bis 1475 Raugraf Otto, der
Letzte des ganzen Stammes, sich ihrer nur erinnerte, um sie
für 4000 fl. an den Kurfürsten Friedrich I. zu verkaufen. Die
Pfalz vergabte sie zum Lohne geleisteter Dienste als Lehn an
verschiedene adelige Herren, unter denen am Anfang des
sechzehnten Jahrhunderts Hartmuth v. Kronberg der alten
Feste noch einmal vorübergehenden Glanz und den Namen
Kronberg erwarb. Zunächst mit Franz v. Sickingen verbrü=
dert und der Ausführung seiner Pläne, wie Ulrich von Hut=
ten, mit Leib und Seele ergeben, warb Hartmuth mit glühen=
dem Eifer bei Hohen und Niedrigen für die religiöse Ueber=
zeugung, die er den Tiefen seines Gemüths bis zur Schwär=

merei eingeprägt hatte. Ja seine Begeisterung für die Grundsätze der Reformation überschritt bald so alle Schranken der
Mäßigung, daß er nach einer fruchtlosen Ermahnung an die
Bettelorden sich an Papst Leo X. selbst wandte und ihn auf-
forderte, sein Haus, das „auf losem, faulen Grunde“ erbaut
sei, zu verlassen und Petri Stuhl zu entsagen. Noch vor
v. Sickingen ereilte ihn und sein Haus das Verderben. Die
Heerhaufen des Landgrafen von Hessen und des Kurfürsten
von Trier nahmen die Schlösser derer v. Kronberg bei Frankfurt und plünderten ihre Besitzungen. Erst 1541 kam das
Geschlecht wieder in deren Besitz. Nach dem Erlöschen der
Familie zog Kurpfalz die Altenbaumburg als heimgefallenes
Lehn ein und vergab sie wieder an verschiedene Herren. 1689
loderte sie als Isenburgische Besitzung durch die Franzosen in
Flammen auf. Ihre Ruinen, jetzt bairisch, sind durch die
Fürsorge der Regierung aufgeräumt worden und leicht zu-
gänglich, daher auch viel besucht. Gerade gegenüber fällt
das Auge auf den Rest einer anderen Burg, welche der Altenbaumburg vor Zeiten treu zur Seite stand, daher Treuen-
fels hieß und ihr Schicksal theilte. Sonst ist die Aussicht
beschränkt und zeigt von der einen Seite als bemerkenswerthe
Puncte nur die Häupter des quecksilberreichen Landsberges
mit den Ruinen eines pfalzzweibrückischen Schlosses, des
majestätischen Lembergs und des riesenhaften Donnersberges,
von der anderen aber das reizendste Naturgemälde, worin
die Ebernburg mit ihrer Umgebung die hauptsächlichste Rolle
spielt. — (Restauration).

3. Die Burgruine Montfort mit dem Lemberg. (3 St.)

Die Burgruine Montfort, ehemaliges Raubschloß, ist eine der wildromantischsten, aber auch beschwerlichsten Parthien von Kreuznach aus. Deßhalb wird sie öfters von Ebernburg aus zu Wagen über Feil nach dem Montforter Hof oder von der Eisenbahnstation Schloß-Böckelheim über Oberhausen um den Lemberg herum nach Montfort gemacht. Wer aber gut zu Fuße ist, wählt den Weg von der Ebernburg über den Gebirgskamm nach Feil und Bingart und besteigt von da unter mancherlei Schwierigkeiten die waldige Höhe des Quecksilber- und Steinkohlenhaltigen Lembergs (1285 Fuß hoch). Sie gestattet eine schöne Aussicht auf die in der Tiefe fließende Nahe mit dem Dorfe Oberhausen und dann über Disibods zerstörte Stiftung bis in die Schluchten des Soonwaldes. Zurück durch das Montforter Thal leitet ein steiler Fußweg durch wildes Gestrüpp zum Kegel, worauf die Ruine liegt, und eine Maueröffnung in die durcheinander geworfenen Trümmer des kolossalen Baues, der sich sofort selbst als Raubschloß charakterisirt. Es wurde 1456 von Kurpfalz und Kurmainz zerstört, weil den Raubrittern von Montfort Nichts heilig war, und sie die verruchten Hände selbst an geweihte Gefäße und geheiligte Diener der Kirche gelegt hatten. — Dem ermüdeten Wanderer bietet der Montforter Hof eine ländliche Erfrischung und die Sagenzeit der Burg eine artige Erzählung zur Kurzweil. Ein junger hübscher Ritter von Montfort minnete um die holde Jutta von Rheingrafenstein; aber der Rheingraf mocht' ihn nicht leiden ob des Rufes seiner Sippschaft, obwohl er selbst die liebe Unschuld war, und wählte zum Gespons seiner jungen Tochter lieber einen alten Vetter von Grehweiler = Grumbach. Darob fluchte der Montforter und härmte sich das Burgfräulein so ab, daß es dem Ritter von Böckelheim, dem sie als werthem Burggaste so manchen Stiefel edlen Rebensaftes kredenzt hatte, gar sehr zu Herzen ging, obschon er sonst ein harter Mann war. So machte er denn erst den getreuen Boten zwischen dem Liebespaare, dann mußt' er's einzurichten, daß selbiges sich in Zucht und Ehren sah, und endlich versprach er Hülfe, sollt' es ihm auch der Rheingraf zum Argen nehmen. Aber sie that auch Noth; denn, sei es, daß dieser was ver= merkt hatte, oder daß dem von Grehweiler = Grumbach die Zeit zu lang ward, im Schloß und in den Truhen ward es auf einmal so rührig, als wenn morgen schon Hochzeit sein sollte. Und so war es in der That. Mit dem ersten Sonnenstrahl, der auf die Burg fiel, setzte sich der Hochzeits= zug nach Grehweiler in Bewegung, wobei natürlich der Ritter von Böckelheim nicht fehlte. Schon war man bis gen Feil gelangt, als Jutta's Zelter, sonst fromm wie ein Lamm, sich plötzli chaufbäumte, seine zarte Last sehr unsanft abschüttelte und, wie von einem höllischen Geiste besessen, zurück rannte, woher er gekommen war. Rasch war der Böckelheimer zur Hand, vom Pferde gesprungen und der halbohnmächtigen Braut zu Hülfe geeilt. Dann hob er sie, den anleuchenden Grumbacher bei Seite schiebend, leicht wie eine Feder in den Sattel seines Pferdes, und fort ging wieder der Zug, aber jetzt voraus der Hauskaplan, bewaffnet mit Rauchfaß und Weih= wedel und Gebete murmelnd wider den Satan und seinen Spuck. So kam man sonder Gefährde bis zum Wege, der rechts abführt nach Montfort. Da sträubte sich Jutta's

Pferd, voran zu gehen, und, von Sporn und Peitsche getrie=
ben, flog es mit seiner kühnen Reiterin, die diesmal nicht
wankte im Sattel, über Stock und Stein seitwärts den be=
kannten Weg nach Burg Montfort hinauf. Denn es war
des Ritters von Montfort Leibpferd, bei Nacht und Nebel
des Wegs nach dem Rheingrafenstein und zurück wohl kundig,
und das Alles war geschehen nach dem Plane, den gar listig
der Böckelheimer ersonnen. Er hatte nach der Abrede des
Montforters Pferd geritten, Jutta's Zelter unterwegs eine
Bremse in's Ohr gesteckt, daß es, sich schüttelnd und bäumend,
davon rannte, und sie dann auf sein, das ist des Montforters
Pferd gesetzt, damit es, wie vermeldet, an dem Seitenwege
mit ihr davon nach Montfort renne. Mit Frohlocken schloß
der Ritter nunmehr seine Braut in die Arme, und ein bereit=
gehaltener Priester segnete sofort diesen Bund, während die
Zugbrücke aufflog und die Mannen zur Abwehr des voraus=
sichtlichen Kampfes zu den Brustwehren der Burg eilten.
Bald entbrannte dieser auch heiß; denn der Rheingraf wollte
seine Tochter, der Grehweiler=Grumbacher seine Verlobte
wieder, und der Montforter gab keine her, sondern verthei=
digte so tapfer seine junge Schloßherrin, daß der Vater sich
endlich mit beiden versöhnte, und nur der geprellte Vetter
von Grehweiler=Grumbach mit einer schrecklichen Drohung
abzog, deren Ausführung er indessen nicht erlebte. —

4. Der **Rothenfels** (1½ St.), bereits botanisch bekannt,
gehört zu den schönsten Parthien bei Kreuznach. Man ersteigt
ihn am bequemsten, aber auch auf einem Umwege von einer
halben Stunde, zum Rüdesheimer Thore hinaus nach Hüffels=

heim zu, links ab über den Hardtabhang; oder man schlägt den näheren Weg über die Salinenbrücke ein und steigt hinter derselben vor der Theodorshalle auf einem etwas beschwerlichen, aber durch viele anmuthige Punkte erheiterten Waldwege zum Rothenfels hinauf, wo uns der reichste Lohn erwartet: eine majestätische Aussicht von einer schroffen Felsenwand, auf welcher wir mehr als 900 Fuß über der Meeresfläche stehen. Ueber die grausige Tiefe, durch welche die Nahe rauscht und der gellende Pfiff der Locomotive tönt, trägt uns das Auge nach dem lieblichen Alsenzthal mit seinen kegelförmigen Anhöhen, welche die Ebernburg und weiterhin die Ruinen von Altenbaumburg krönen. Aus dem Westen schauen die dunkelschattigen Gebirge des rauhen Hunsrückens zu uns herüber und vor ihnen zahlreiche, am Saume der Waldungen gebettete Dörfer und Weiler. Oestlich nähert sich dem Auge der ferne Donnersberg mit seinem kahlen Scheitel, und im Norden schweift der Blick über die Gauen der Nahe und des Rheines bis zum Taunus und Feldberg. So liegt rings um uns das Vaterland der Helden und Frauen, welche die Niebelungen unter der Weihe der Mähr als die Stellvertreter der grauen Vorzeit eines urkräftigen Volks uns vorführt. Denn fast alle die Namen der Männer und Frauen, die in jenem großartigen tragischen Gemälde voll ächten Rittersinnes, zarter Sitten und Treue oder voll lecker Todeslust, niedriger Habgier und leidenschaftlicher Rachgier erscheinen: König Günther mit Mutter Uten, Schwester Grienhilden und Bruder Gernot und Gieselherr, Hagen von Troneck, Niebelung, Siegfried, Dankwart, Volker der Fiedler, Trautwie, Ortlieb, Hezel u. a. m., alle diese Namen sind seit den ältesten Zeiten ur-

kunblich heimisch gewesen in den Gauen, die rings um den
Rothenfels das Auge erblickt. In der That ein herrliches
Panorama, großartiger wohl auf den Berghöhen der Schweiz,
aber kaum so lieblich und selten so ausgezeichnet durch geschicht-
liche Erinnerungen von solcher Fülle! —

Der Rückweg wird oft über Münster am Stein eingeschla-
gen, wo der Ermüdete, im Genusse einer prächtigen Aussicht
unter der Porphyrsäule des Rheingrafensteins und gefächelt
vom erfrischenden Thalwinde, Erholung und Stärkung in
einer Restauration findet, bis ihn der Eisenbahnzug in acht
Minuten nach Kreuznach bringt.

5. Die Eremitage im Guldenbachthale (1¼ St.),

uns bereits nach ihrem botanischen Reichthum geschildert, ist
auch eine äußerst angenehme Lustparthie. Ueber den Martinsberg am Binger Thore auf einem Fahrwege, oder auch
der Chaussée nach bis zum Mönchberg und davor rechts ab
gelangen wir nach Winzenheim, mit seinem geschmackvollen
evangelischen Kirchlein an die Abdachung allmählig anlaufen-
der Weinberge gelehnt, deren süßer Saft zu den besten Rah-
weinen gerechnet wird, weil er gar lieblich duftet und Feuer
aus dem Kelche sprüht. Durch die Rebenhügel steigen wir
zur Höhe, welche eine breite Fläche mit einem Hofgute ein-
nimmt, und folgen dann einem Pfade bis zu einem Vor-
sprunge, dessen steiler Abhang des Lindels Niederwald deckt.
Eine prachtvolle Aussicht entfaltet sich hier dem Blicke.
Weithin in das Rheingau trägt das Auge, vom Niederwald
bis zu des Taunus fernsten Platten und Kuppen; aber vor
uns selbst liegt ein wahrer Garten Gottes, mit allen

Schönheiten eines reichen Fruchtlandes geschmückt, und, wo
die Aehre nicht mehr das goldgelockte Haupt zur Erde neigt,
mit rothschimmernden Rebenhügeln gekrönt, in denen eine
treffliche Traube reift. Diesen Garten näher zu beschauen,
müssen wir einen jähen Pfad hinab, dessen Tritte theils
in Felsen gehauen sind, und neue Ueberraschung wird uns.
Denn etwa hundert Schritte vom Fuße der steilen Felsen=
wand reiht sich zum Bilde des Ganzen ein reizender Wie=
sengrund, und zwischen Wiesen und Feldern wuchert üppi=
ges Gehölz, unter welchem ein Flüßchen verschämt dahin
schleicht, jetzt ruhig und still, zuweilen aber schäumend und
wild wie ein Gießbach, der tobend vom Berge herabstürzt,
Alles mit sich fortreißend, was hemmend seinem Lauf ent=
gegentritt. Der Guldenbach ist es, von den Goldkörnern,
die er ehemals mit sich geführt, benannt, aber eine gold=
reichere Schatzquelle durch den Betrieb zahlreicher Mühlen
und Gerbereien und großartiger Eisenhütten an den Ufern
seiner Gewässer. — Nahe am letzten Felsentritte ist im Ge=
stein ein Bild in Rittertracht ausgemeißelt, und rechts in
der Höhe die Form eines Gewölbes mit einer Nische, worin
ein Kreuz des Erlösers steht. In dem zum Keller benutzten
Raume neben jenem Bilde sind noch ausgehauene Gräber
und ein Altar, zur Kelter benutzt. Das Ganze bildet eine
theils kunstvoll in das Gebirg gemeißelte, theils daraus
hervortretende Kirche, welche erst in den Kriegen des vori=
gen Jahrhunderts ein Raub der Flammen wurde und von
jenem Ritter gegründet zu sein scheint. Gleich dabei sind
auch noch Zellen, ganz in die Steinwand eingehauen, jetzt
modern zur Jägerherberge eingerichtet, einst aber frommer

13 *

Einsiedler kaltfeuchte Lagerstätte und noch vor drei Jahrzehnten von einem Waldbruder bewohnt. Das ist die
Eremitage.

Den Rückweg nehmen wir den Guldenbach entlang über
das Dorf Bretzenheim, mit sonnigen Weinbergen und
üppiger Feldflur gesegnet. Es war ehemals kurkölnisches
Lehn verschiedener adeliger Geschlechter, bis der Kurfürst
Karl Theodor (1773) seinem natürlichen Sohne, dem Grafen
Karl August v. Heideck, und seinen drei Schwestern aus dem
gekauften Orte sammt Planig, Rummelsheim, Mandel,
Leyen rc. ein Fürstenthum schuf, welches die französische
Revolution wegschwemmte. Schloß und herrschaftliche Ge-
bäude gingen bei der französischen Domäneversteigerung in
Privathände über. Der Chausséeweg von Bretzenheim nach
Kreuznach (1 St.) öffnet eine schöne Aussicht in den Thal-
kessel, worin die Stadt liegt, und führt durch die Kunstan-
lagen der rothen Ley, von der wir Kreuznach bereits im
Dämmerlichte betrachtet haben.

6. Die Gans und der Rheingrafenstein. (1½ St.)

Nicht botanisch allein, auch geschichtlich und durch Fern-
sicht reizend ist der Ausflug nach jenen Punkten in Kreuznach's Umgebungen. Zur Gans legen wir den Weg in der
Frühe des Morgens entweder zu Fuß am Hôtel Rheinstein
vorbei über den Kühberg, wo ein Tempelchen zur Ruhe
und Aussicht einladet, durch ein schattiges Wäldchen nach
einem Schlößchen des Prinzen von Solms-Braunfels
und von da rechts ab auf schmalem Stege zum kahlen Scheitel
der Gans zurück, oder zu Wagen auf der Mannheimer

Chaussée, von welcher auf der Höhe des Galgenbergs ein Weg rechtsab zu jenem Schlößchen führt, wovon die Fuß= wanderung unerläßlich ist. Von der Gans, 972 Fuß über dem Meeresspiegel, richtet sich der Blick zuerst in die Tiefe, die, noch in das einförmige Grau dichter Nebel gehüllt, sich dem Auge entzieht. Aber bald beginnen die aufsteigende Sonne und der Windstrom durch das Thal den Kampf mit den aufgethürmten Nebelmassen. Erst drängen sie sich dichter zusammen, als wollten sie alle Macht aufbieten gegen die vereinigte feindliche Gewalt; aber bald hat der unaufhaltsame Strahl der Sonne die graue Hülle durchbrochen, und der zunehmende Windstrom wirft die Nebelgebilde in die offenen Gebirgsschluchten oder in die unten rauschende Nahe. Ent= hüllt liegen nun tief unten an dem Ufer des bewegten Stro= mes die Wohnungen und Grabirwerke der Salinen mit ihrem im Sonnenlichte funkelnden Dächern; ringsum erglänzen im Silberschmucke des perlenden Thaues die buschigten Anhöhen der aufsteigenden Berge; über der Ebernburg, dem Rothen= fels, dem Kauzenberg und der Rochuskapelle begrenzen den Horizont der Lemberg, Soonwald, Hunsrücken, Niederwald, Taunus und ferne Odenwald mit dem Melibocus, und, nach= dem der Blick über der gesegneten Wormsgau geschweift und vom gewaltigen Donnersberg eine Zeit lang gefesselt worden, bleibt er endlich forschend ruhen auf den nahen Ruinen des Rheingrafensteins. Dahin zieht es uns jetzt, und auf einem schmalen Fußwege erreichen wir bald die wenigen Reste von Mauern und Thürmen aus grauer Vorzeit. Ein Schwindel ergreift uns, wenn wir von der 654 Fuß hohen Porphyr= wand über die zackigen Felsspitzen in die grausige Tiefe hinab=

blicken, in welcher der brausende Fluß seine Wellen schäumend
über das hervorragende Gestein seines Bettes und das hem=
mende Wehr dahin trägt; ein Grausen aber erfaßt uns,
denken wir dabei an die kühnen Baugesellen, die vor Zeiten
hier, auf Hängegerüsten zwischen Himmel und Erde schwebend,
eine stolze Burg hinklebten, welche Jahrhunderte lang dem
Sturm und Wetter und der Gewalt der Menschen zu trotzen
vermochte. Die Zeit des Aufbaues läßt sich nicht genau an=
geben, obschon die Rheingrafen ihren Ursprung auf einen
Grafen Cancrin zu Pipins Zeiten im achten Jahrhundert
zurückführen. Denn die Ahnen des altgräflichen Geschlechts
„vom Steine" hatten erweislich ihr Stammschloß nicht auf
dem Rheingrafenstein, sondern bei Lorch im Rheingaue. Im
zwölften Jahrhundert blühten die Rheingrafen schon in zwei
Linien, und 1279 waren die Brüder Werner und Siegfried
treue Bundesgenossen des Grafen Johann I. von Sponheim
wider den Erzbischof Werner von Mainz in der Schlacht bei
Sprendlingen. Nach der blutigen Entscheidung zerstörte dieser
die rheingräfliche Burg Rheinberg von Grund aus und
nöthigte dem Rheingrafen Siegfried, der bei Sprendlingen
gefangen worden war, für seine Freilassung eine harte Sühne
ab (1281), worin er gelobte: bei Verlust aller erzbischöflichen
Lehen das Rheingau nie wieder zu betreten, dem Erzbischofe
Schadenersatz und Hülfe wider alle seine Feinde zu leisten und
die Burg Rheingrafenstein allezeit zu öffnen. Dahin zog sich
nun Siegfried mit seinem Sohne Werner, Stifter des St.
Petersklosters zu Kreuznach, zurück, und damit wird uns die
erste Kunde von dem Bestehen des Rheingrafensteins. Werners
und der Gräfin Hildegard von Sponheim Sohn Siegfried,

nannte sich zuerst in einer Urkunde vom Jahre 1310 „einen Rheingrafen vom Stein," ohne Zweifel, weil damals der Rheingrafen Herrschaft im Rheingau gänzlich verloren ging. Nur als Erinnerung daran behielten sie das „Binger Markt= schiff, das Wildegefährte (alleinige Recht bei Lorchhausen Lootsen zu halten), den Salmfang bei Lorchhausen und den Pfefferzoll auf dem Rheine zu Geisenheim." Von nun an verzweigten sich die Rheingrafen durch Verbindungen mit den Wildgrafen von Dhaun und Kyrburg und den Grafen von Salm in so viele Linien, daß es schwer und wenig erquicklich ist, denselben überall hin zu folgen. Wir heben daher nur das Hauptsächlichste aus der Rheingrafen Geschichte hervor. 1328 verwickelte sich der Rheingraf Johann I. wegen Beraub= ung von Kaufleuten in eine heftige Fehde mit dem Erzbischof Mathias von Mainz und dem rheinischen Städtebunde, dessen Hauptmann Graf Johann II. von Sponheim war. Nach hartnäckiger Belagerung mußte er sich ergeben und allen ge= nannten Herren und Städten das Oeffnungsrecht zugestehen. Indessen blieb der Rheingrafen Charakter durchweg ein kriege= rischer, und wenn die Fehden in der Heimath ruhten, nahmen sie in der Ferne am Waffengeräusch Theil. So trug Johann IV. 1462 „als der Pfalz Marschall" das Hauptpanier in der Schlacht bei Pfeddersheim wider den Erzbischof von Mainz und führte 1486 die pfälzischen Kriegsvölker im Elsaß gegen den Grafen von Lupfen, während sein Bruder Gerhard sich in noch vielen anderen Treffen mit großer Tapferkeit für den Kurfürsten Friedrich I. schlug. Den Rheingrafen Johann Philipp trieb sein Thatendurst in französische Kriegsdienste, und er fiel 1569 im Treffen bei Montcontour. Ebenso blieb

Johann Philipp, Johanns IX. Sohn, 1638 auf dem Schlacht=
felde bei Rheinfelden. Der Rheingraf Johann Ludwig be=
schreibt selbst sein thatenreiches Leben in einem Codicill vom
12. November 1669 also: „jedoch zuvor von gedachter ver=
lassenen Baarschaft soll man mir ein erliches Epitavium zur
Gedegnus aufrichten lassen, welches doch ohne große Kosten,
sondern ungefehr von solchem Preis wie albereidt eines zu
St. Johannisberg stehet, sein solle, da man dan in Schriften
gedenken kann, wie und wo ich von Anfang von meiner
Jugendt gewesen, was vor Reissen ich gethan, wie ich von
einem gemeinen Soldaten, wie auch geringen Officier, danach
Fendrich, darnach Rittmeister, darnach Oberst Leutenant,
darnach Oberster zu Pehrdt, darnach Oberster zu Fus und
General = Wachtmeister, wie auch hier und dar Commandant,
und wie es nach einander ergangen und noch ergehen mogte,
jede Charge eine geraume Zeit mit Ehren bedienet habe, ferner
auch wen und was ich bei Reichsdagen ge= undt bedient
habe.“ — Unterdessen nahte der Orleans'sche Erbfolgekrieg
auch den Mauern des Rheingrafensteins. Der alte Rheingraf
Friedrich Wilhelm glaubte um so mehr auf Schonung der zer=
störungslustigen Horden Malacs rechnen zu dürfen, weil seine
Vorfahren nicht nur der Krone Frankreichs oft Dienst und
Blut geweiht, sondern auch noch bedeutende Kriegsforderun=
gen an dieselbe zu machen hatten. Allein er täuschte sich sehr.
Denn als die Franzosen den Rheingrafenstein nach kurzer
Gegenwehr genommen hatten, raubten sie ihn aus, schleppten
den greisen Rheingrafen auf einem Sessel heraus und spreng=
ten die Burg mit Pulver in die Luft, so daß nur die wenigen
Reste noch von ihrem Dasein zeugen. Von den rheingräflichen

Linien aber bestand die rheingrafensteinische (auch greh=
weiler'sche genannt) nur bis 1793, da ihre Besitzungen an
die grumbachische übergingen. Diese dagegen blüht noch heute,
erhielt im Jahre 1803 für den Verlust ihrer Erbgüter das
Amt Horstmar im Münster'schen (319 M. mit 50,000 Ein=
wohnern) und wurde 1817 in den Fürstenstand erhoben. Auch
die salmischen Rheingrafen bestehen noch in den fürstlichen
Häusern von Salm=Salm und Salm=Kyrburg. Das ist des
Rheingrafensteins und der Rheingrafen kurze Geschichte.
Manche Sage knüpft sich noch an die Burg.

Ein Rheingraf zog einmal im Grunde an dem Felsenkoloß
vorbei und that einen Schwur beim Leibhaftigen, daß er
darauf wollte bauen eine Burg. Aber wie er sie anfangen
wollte, war nirgend ein Halt, und den Baugesellen graute
vor der Tiefe und den Zacken der Felsen. Der Rheingraf
fluchte und rief den Leibhaftigen zu Hülfe. Der kam alsbald
auch in eigner Person und versprach ihm das Schloß fix und
fertig am Morgen, wenn der Erste, der zum Fenster hinaus=
schaue, sein eigen sei. Der Graf schlug ein und am Morgen
stand das stattliche Schloß vor seinen Augen, und oben auf
der Zinne saß der Höllenfürst, um seine Beute zu erschnappen.
Da vertraute sich der Graf in des Herzens Angst seiner Ge=
mahlin, und die schlaue Gräfin wußte alsbald Rath. Einem
Esel ließ sie des Paters Barett aufsetzen, ein Kräglein um
den Hals binden und ihn dann mit dem Kopf durch's Fenster
stecken. Wie eine Windsbraut fuhr der Satan hernieder und
zerrte seine Beute mit seinen Krallen zum Fenster hinaus,
also daß der Esel anhub erbärmlich zu schreien. Gepreßt

warf ihn der Höllenfürst in den zackigen Abgrund und fuhr
mit schrecklichem Gestank davon.

Eine andere Sage berichtet:

Um den Rheingrafen auf der Burg in der Runde saßen
die nachbarlichen Grafen und Ritter und zechten so tapfer um
die Wette, daß schon Mancher schwer niederlag in seinem
Sessel. Doch war da ein kleiner Kreis von Auserlesenen,
die fest waren wider Hieb und Stich und des Rheingrafen
Gastfreundschaft noch Bescheid thaten aus vollen Humpen.
Zu denen sprach der Rheingraf mit lachender Miene: „Werthe
Zechbrüder und liebe Genossen! Großen Dank für die hohe
Ehre, die Ihr meinem Haus und Keller angethan; aber wer
von Euch mir noch diesen Stiefel voll edlen Norheimers in
einem Zuge leeret, dem schenk' ich zum Lohne Dorf Hüffels=
heim sammt Allem, was drin und drum ist." Sprach's, und
Keiner wagte den Trunk; nur Boos von Waldeck rief, des
Siegs gewiß: „Nur her den Schluck!" und setzt' ihn an und
trank ihn aus, und sank sterbend mit dem Ruf zurück: „Das
war für Weib und Kind!" Und Hüffelsheim gehörte fortan
den Boosen von Waldeck. — Wer nicht auf dem bekannten
Wege am Schlößchen vorüber zur Stadt zurückkehren will,
steigt auf einem bequemen Bergwege zum Flusse hinab, mag
aber auf halbem Wege links ab noch einem äußerst lieblichen
Thale einen Besuch abstatten, welches, in reizendem Wiesen=
grunde gelegen, v. Huttens Lieblingsaufenthalt während
seiner Zuflucht auf der Ebernburg gewesen sein soll. Von da
zurück treffen wir am Nahufer, ehemals mit der verschollenen
Burg Affenstein geziert, eine Restauration mit freundlichen
Anlagen und einem erquickenden Quell. Ein Kahn führt

zum gegenüberliegenden Rasenufer und ein Gartenweg nach Münster.

7. **Guttenberg und Dahlberg mit ihren Ruinen.** (2 St.)

Der Freund lieblich=romantischer Gegenden darf den Aus= flug nach den genannten beiden Punkten nicht versäumen. Zu Wagen und zu Fuß geht's zum Rüdesheimer Thore hinaus, und kaum eine Viertelstunde vor der Stadt führt von der Chaussée ein Weg rechts ab zum Dorfe H a r g e s = h e i m an dem Gräfenbach. (³/₄ St.) „In jüngerer Zeit ent= stand der Ort, der jederzeit dem Rauzenberg zinsbar war, und seine Kirche ist ein Werk frommer Gaben," kaum erzählt die Geschichte mehr von ihm. Desto mehr weiß sie von dem Dorfe, dessen Thurm aus der Nähe herüberwinkt. „Hroches= heim" hieß es schon im achten Jahrhundert, „Roccesheim" im neunten, heute kennt Jeder hier den feurigen Wein von „R o z h e i m." „Im Jahre 1241," erzählt die Chronik, „da Janus Abt in Sponheim war, war David Pfarrer in Roz= heim. Da er muthig seiner Kirche Gerechtsame gegen die Sommerlocher vertheidigte, ward er von ihnen bei Wallhausen grausamlich ermordet. Aber der Erzbischof Siegfried von Mainz schleuderte den Bann über die Verruchten, und sie büßten den Frevel durch elenden Tod in der Fremde oder am Rad." — Je mehr wir von Hargesheim thaleinwärts kommen, desto lieblicher wird der Weg. An uns vorüber rieselt der Gräfenbach, durch Erlen= und Weidengebüsche gegen die aus= trocknende Gluth der Sonne geschützt, und an das Bächlein schmiegen sich, Erfrischungen aus ihm schöpfend, üppige Wiesen, und daran lehnt sich ein fruchtbares Gelände, über

welchem Rebengrün die aufsteigenden Hügel schmückt. Bald
sind wir in Guttenberg, vormals ein Gut der Grafen
von Sponheim, welche zur Zeit des Faustrechts dabei zur
Deckung des Thales auf ziemlicher Höhe eine Burg mit einer
Kapelle erbauten. Gräfin Elisabeth von Sponheim vermachte
sie 1417 mit einem Fünftel ihrer Grafschaft ihrem Schwager
Ludwig von der Pfalz, und seitdem erscheint sie regelmäßig
im Burgfrieden zu Kreuznach, bis sie 1688 die Franzosen in
Trümmer legten. Nur zwei Thürme stehen noch, von dem
Besitzer der Ruine (Meyer) zu den anziehendsten Punkten des
Thales in alterthümlicher Manier eingerichtet. Unmittelbar
an den Ort gegen die Sonnenseite lehnt sich eine geschmackvolle
Anlage (Emmel in Kreuznach) mit Wohnhaus und Hofgebäu-
den, worunter Keller auf Keller sich wölben. Das Ganze
umschließen zierliche Blumenbeete, von terrassenförmig aufsteigenden Pfaden durchschnitten, und von den Mauern, welche
die Gärtchen begrenzen, neigen anmuthig an Spalieren sich
aufrankende Staudengewächse ihre duftenden Aeste herab.
Ueber den Gärtchen beginnt in einer Rebschule von fast allen
fremden Traubensorten der Weinstock sein buntes Spiel zu
treiben, und von da windet sich durch köstliche Weinhöhen von
Rießlingreben im Halbbogen ein Weg bis zum Bergkegel,
auf dessen Spitze das Auge die Gegend in weitem Kreise
beherrscht.

Wir folgen von da dem Gräfenbach aufwärts durch das
romantische Wallhäuserthal, und in einer halben Stunde
haben wir Wallhausen und in gleicher Zeit Schloß
Dahlberg, den Stammsitz des berühmtesten altadeligen
Geschlechts der Freiherren von Dahlberg erreicht,

nach dem der deutsche Kaiser vor Ertheilung des Ritter-
schlags stets frug: „Ist kein Dahlberg da?" Als auch diese
Burg, deren Bau mitten auf einem aus der Tiefe hoch aufsteigenden Kegel bis in's elfte Jahrhundert hinaufsteigt, 1688
den Franzosen in die Hände fiel, zerstörten sie dieselbe nicht
so, daß alle Spuren der ehemaligen Gestalt vertilgt worden
wären. Noch stehen die Schiffermauern, aus denen der Umfang der Bastionen deutlich zu ersehen ist; noch blickt ein
mächtiger Thurm aus gleichem Gestein trotzig in das rings
von Waldhöhen umschlossene Thal hinab; noch sieht man das
Wohnzimmer, worin die Wiege der „Kämmerer von Worms"
gestanden; noch sind die Fensteröffnungen da, aus denen die
Blicke der adeligen Frauen von Dahlberg frommgläubig auf
den Schaaren der Wallfahrer ruhten, welche an der Burg
vorüber nach dem nahen Spahbrücken pilgerten, noch
heute ein Wallfahrtsort. — Der Dahlberger Geschlecht hat
die heimathliche Gegend verlassen, besitzt aber noch von der
Väter Erbschaft ein bedeutendes Gut zu Wallhausen, welches
ein Schaffner verwaltet.

8. Bosenheim und Planig. (1½ St.)

Vor dem Mannheimer Thore führt links ab die Chaussée
nach Bosenheim. Unter dem Schatten stolzer Nußbäume
wandeln wir ohne Mühe des Bergsteigens dem Orte zu (1 St.),
wo ein freundliches Landhaus, als Restauration eingerichtet,
dem Ermüdeten ein treffliches Glas des vielgesuchten Bosenheimer Bergweines, und künstlich erhöhte Gartenanlagen eine
schöne Aussicht auf die malerische Landschaft darbieten. Der
Ort, ehemals sponheimisch, brannte im Jahre 1504 beim

Raubzuge Wilhelms von Hessen gänzlich ab, erholte sich aber
bald aus seinem Schutte wieder, und ist jetzt einer der wohl=
habendsten im hessischen Kanton Wöllstein. Den Rückweg
nehmen wir über **Planig** ('/₄ St.), dessen ländliche Woh=
nungen sich am Fuße der Bosenheimer Weinhöhen in einer
Ebene *(planities)* ausbreiten, von welcher der Ort, schon
römischen Ursprungs, seinen Namen haben soll. 1773 wurde
er ein Theil des Fürstenthums Bretzenheim; jetzt ist er hessisch.
Von da führt eine Chaussée durch die reichen Fluren einer
fruchtwallenden Ebene, aus welcher die Reste der Heiden=
mauer hervorragen, an freundlichen Gärten vorüber in drei
Viertelstunden zur Stadt zurück.

9. Stromberg mit dem Goldenfels. (3 St.)

Am Casino vorbei biegt die Chaussée links ein nach Strom=
berg. Nach einer halben Stunde erreichen wir die Höhe des
Mönchbergs (hungrigen Wolfs), wo sich eine weite Umsicht
öffnet. Südlich die Stadt, rechts hin der Kauzenberg, fort=
gesetzt vom kahlen Rücken der Hardt, an ihrem Fuße das
schöne Salinenthal, von der Nahe durchströmt; auf der ande=
ren Seite die phantastischen Felsgebilde des Rheingrafensteins
und im Hintergrunde der riesenhafte Donnersberg, links über
herrlichem Fruchtgelände der Galgenberg und die weinreichen
Höhen bei Bosenheim, östlicher zahlreiche Ortschaften, bald
von Baumgruppen umgeben, bald frei hervortretend aus
dem lieblichen Kranze ihrer Umgebungen; dann der Schar=
lachberg mit der weißleuchtenden Rochuskapelle und darüber
des Taunus waldbewachsene Gipfel mit der goldfunkelnden
byzantinischen Kapelle unter der Platte bei Wiesbaden;

nördlich die Rheinberge, westlich in der Ferne die düsteren
Schatten des Hunsrücker Gebirgs, im Vordergrunde in eine
hügelreiche Ebene auslaufend, worin trefflich der Fruchtbau
und hie und da noch der Weinbau gedeiht: das ist das
großartige Panorama von der Höhe des Mönchsbergs.
Bergab am Breitenfelser Hof vorbei geht die Lustwandelung
nach Windesheim (1½ St.) durch Gruppen von Obstbäumen, von denen Dr. Stork witzig, aber übertrieben
sagt: „Gegen Windesheim hinauf sieht man ganze Wälder
der größten Obstbäume, man zählt ihrer 20,000; die
schönste Feldfrucht steht in ihrem Schatten. Der Landmann
hält doppelte Ernte, in der Luft und auf der Erde. Ein
Mann in Windesheim hat in einem Jahre 2000 Gulden
aus Aepfelwein gelöst. Diesen kaufen, wie man mir ver-
sichern wollte, manche Weinhandlungen am Rhein und ver-
mischen ihn ein Drittheil zu zwei Drittheil in den Rhein-
wein, und wir in Westphalen singen dann noch in gut-
müthiger Begeisterung: „Am Rhein, am Rhein, da wachsen
unsre Reben!"

In Windesheim (1050 Einwohner) am Guldenbach
hatten schon die Römer Ansiedelungen, wie die im Jahre
1617 entdeckten römischen Bäder mit den dabei gefundenen
römischen Münzen der Kaiser Augustus, Phillpps und
Galiens genügend beweisen. Auch heißt der Hügel östlich
vom Dorfe, welcher zu Weinbergen angelegt ist, noch jetzt
der Römerberg. So weit die Urkunden hinaufreichen,
waren des Ortes Grundherren die Rheingrafen, und Schirm-
herren die Pfalzgrafen. Das bestätigt auch ein merkwürdi-
ges Weisthum des Dorfes vom Jahre 1550: „Man weiß

unsern gnädigen Herrn Rheingrafen für Grundherrn zu
Windesheim, zu richten über Halß uud Halßbain, item
unsern Herrn Pfalzgrafen zu einem vierten Theil des Gerichts vor einen Schirmherrn. Diese unsere genannten
Herrn wissen wir sammthaftig für Herrn, ihrer jeglichen,
nach Laut und Inhalt ihrer Verschreibung, und das haben
die Alten auf uns bracht und das wissen wir fürhin für
ein Recht. Item man weiß wie und zu welcher Zeit sich
begibt, daß zu Windesheim wäre oder dahin käme eine
missethätige Person, Mann oder Frau, und daselbst Misse-
that geschehen wird, alsdann sollen unsere Herrn Schultheisen mit Hülfe der Gemeinde denselbigen Menschen beschauen, wie vorstehet, angreifen und halten und in einen
Stock schließen oder in eiserne Banden binden, und die
Gemeind den Menschen hüten und versorgen, bis auf den
andern Tag zu rechter Gerichtszeit, und bieweil und zwischen
der Zeit sollen die Schultheisen reiten und laufen zu unserm
obgenannten Herrn oder ihren Amtleuten, die sollen den
andern Tag zu Gerichtszeit da zu Windesheim sein, und
die Gemeine den Menschen liefern an's Gericht, und soll
alsdann die Gemein lebig und los sein; und was sich weiter
mit ihm zu thun gebührt, lassen wir geschehen nach seinem
Verdienst. Item wäre es Sache, daß sich die Leute mit-
einander stechen, schlügen, hüben und verwundet würden
ein Gliedslang oder was, doch daß die Wunde nicht töbt-
lich wäre, so sind sie unserm Herrn verfallen für zehn
Pfund Heller. Item wäre es Sach, daß man sich mit-
einander schlüge mit Stäben, Stangen oder Fäusten, und
unverwundet bleibt, so sind sie unsern Herrn Schultheißen

verfallen für zehn Schillinge Heller, und das haben die Alten uns bracht, und das wissen wir forthin für Recht. Item wird einer Steine auswerfen mit Frevel, den das Gericht oder Messer gesetzt hatten an Straßenwege und die Gemarken: der solches hat gethan, ist verfallen unserm Herrn für Leib und Gut."

Von Windesheim zieht sich die Chaussée erst bergan, dann hinter Schweppenhausen mit seiner in reizendem Wiesengrunde gelegenen Papierfabrik (Wehrfritz) durch ein Thal am linken Ufer des Guldenbachs hin. Gegenüber steigt schroff ein Berg von rothem Sandstein auf, an dessen sonnigem Abhange noch die Rebe dem Orte Eckenroth grünt, interessant für den Geognosten durch den Krater eines ausgebrannten Vulkans. Je näher wir Stromberg kommen, desto rauher wird die Gegend, und den engen Thaleinschnitt, in den wir jetzt gelangen, begrenzt nur die kräftige Waldung, welche ihren Schatten bis über die Landstraße wirft. Bald stehen wir vor einem Kessel, dessen Wände von steilen Felsmassen starren und Stromberg (1080 Einwohner) umschließen. Vom Gipfel des Gebirgszuges, welcher östlich die Stadt beherrscht, schaut trotzig ein mächtiger Thurm herab, vor Zeiten der Stolz einer starken Reichsfeste, welche von ihrer umfangreichen Gestalt, die ihr den Namen Saal erwarb, außer jenem Reste wenig mehr aus der Zerstörung gerettet hat. Auf den Fundamenten römischen Kastenwerks soll die Burg erbaut sein, worin sich die deutschen Kaiser durch die Grafen des Nahgaus vertreten ließen. So ernannte 1065 Kaiser Heinrich IV. den Grafen Bertolf von „Strumburg" zum Mitschiedsrichter im Streite der Abtei St. Maximin zu Trier mit ihren Schirmvögten. Im Jahre 1120 in dem bekannten Investiturstreite des Kaisers Heinrich V. mit dem Papste Calixt II. zerstörte der Erzbischof Adalbert I. von Mainz die kaiserliche Feste „Stromberg" von Grund aus; aber stärker erstand sie wieder aus den Trümmern, ward beim Wechsel der fränkischen und schwäbischen Kaiser Eigenthum der rheinfränkischen Herzöge und kam 1156 durch Konrad von Hohenstaufen an die Pfalz. Pfandweise besaßen sie auch wohl die Grafen von Sponheim und Kurmainz; allein sie wurde jederzeit wieder eingelöst und ihr Besitz wechselte nur zwischen Pfalzsümmern und der Kurpfalz, welche mit dem Erlöschen jener Linie alleinige Herrin wurde. Zum Lehnshofe der Burg gehörten zahlreiche Adelsfamilien, worunter die „Juste von Stromberg" die bekanntesten sind. 1689 sprengten die Franzosen die Burg in die Luft, welche gewöhnlich „Justenburg" hieß. Südwestlich von der Ruine, deren Ringmauern bis in das Städtchen hinabreichen, dehnt sich bis zum Goldenfels Stromberg aus, vom Guldenbach durchströmt, dessen Gewässer oberhalb zum Betriebe großartiger Gerbereien dienen, welche dem Orte in der neueren Zeit einen Ruf erworben haben. Zum Erstenmale tritt derselbe urkundlich in einer päpstlichen Bulle Innocenz II. vom Jahre 1131 unter dem Namen „Stromberch" auf, ist aber viel älteren Ursprungs und verdankt ohne Zweifel seine Entstehung der Burg, deren Schicksale es theilte. Etwa hundert Schritte südwestlich vom Städtchen stand noch eine andere Feste auf dem Goldenfels, ebenfalls pfälzisch. Sie erscheint zum Erstenmale 1348, da der

Pfalzgraf Ruprecht I. die Rheingrafen vom Stein zu Erb-
burggrafen derselben erhob, ist aber jedenfalls viel älter
und wahrscheinlich gleichzeitig mit der Fustenburg zur Be-
herrschung des Thales erbaut worden. Viele hier aufge-
fundene römische Münzen lassen vermuthen, daß ebenso auf
dem Goldenfels wie auf der Fustenburg schon römische
Kastelle gestanden haben, um die römischen Heerstraßen
vom nahen Drususkastell bei Bingen (1 St.) und von Windesheim (1 St.) nach dem Hunsrücken zu decken. Aus
dem Berge wurden ehemals Bleierze gegraben und die
Marmorblöcke gebrochen, welche die Jesuitenkirche zu Mannheim zieren; jetzt verarbeitet sie auf's Neue die Schröder'sche
Marmorschleiferei zu Kreuznach.

Zu den Ruinen, welche die Orleans'sche Zerstörung 1689
vom Goldenfels übrig gelassen hat, steigen wir in der Nähe
des Gasthofes zur Fustenburg auf. Oeconomiegebäude vertreten die Burg, aber freundliche Anlagen verschönern die
Höhe, worauf ein Felsenvorsprung eine schöne Aussicht in
das Thal, auf Stadt und Fustenburg und links in das nahe
Gebirg des Hunsrückens und Soonwaldes gewährt. Besonderes Interesse erweckt oben ein Denkmal, 1833 zur Erinnerung an den Heldenkampf des preußischen Lieutenants v.
Gauvain und einer kleinen Schaar Füseliere gegen französische
Uebermacht. Er stammte aus einer vertriebenen Hugenotten-
familie, war Lieutenant im Füselier-Bataillon v. Schenke
und 1793 von seinem Obersten Szekuly, welcher die preußische
Vorhut gegen den französischen Obergeneral Cüstine commandirte, mit 35 Mann beordert worden, den Goldenfels gegen
die andringenden Feinde zu vertheidigen. Da die trierer

Reichstruppen, welche ihm den Rücken decken sollten, von Uebermacht angegriffen, weichen mußten, so war auch er genöthigt, sich zurückzuziehen. Von Szekuly mit Ernst und Spott auf seinen Posten zurückgewiesen, schied er von seinen Kameraden mit den Worten: „Entweder seht Ihr mich mit diesen 35 Mann die Festung Mainz erobern oder nie wieder!" Unter dem Schutze der Nacht schlich er sich in das alte Schloß, das er verlassen fand, und gab den Seinigen den Befehl, bei einem Angriffe nur auf Schußweite zu feuern. Am 20. März bei Sonnenaufgang rückten etwa 300 Franzosen auf schmalem Fußstege von Stromberg aus den Berg hinan, mußten sich aber, von wohlgerichtetem Feuer empfangen, nach einer halben Stunde mit Verlust von etwa 50 Todten zurückziehen. Um acht Uhr erneuerten sie den Angriff mit verdoppelter Anzahl auf demselben Wege, aber mit ebenso unglücklichem Erfolg. Dasselbe wiederholte sich um zwölf Uhr des Nachmittags. Bei den öfteren Stürmen wurden Gauvain's Kleider von feindlichen Kugeln durchlöchert, ohne daß eine ihn selbst traf, so daß er scherzend den Hut schwenkte und seinen Kameraden zurief: „Es galt mir, aber ich bin kugelfest." Endlich von vorn und im Rücken zugleich angegriffen, theilte er seine kleine Schaar so, daß er 20 Mann dem Andrange der Feinde von vorn entgegenstellte, während er selbst sich mit 15 Mann hinter eine kleine Mauer stellte und von da noch über eine Stunde der Ueberzahl die Spitze bot. Ja, als dem kleinen Häuflein die Patronen ausgegangen waren, wies er jeden angebotenen Pardon zurück, commandirte zum Ausfall mit dem Bajonett und stürzte sich selbst mit zwei Pistolen und dem Degen unter die Feinde. Da diese ihn, weil er sich

so verzweifelt wehrte, für einen Emigré hielten, rief er ihnen
zu: „Ich bin ein Deutscher," schoß seine Pistolen unter sie
ab und stieß einem Officier, der auf ihn zukam, den Degen in
den Leib. Dann entriß er einem der Seinigen das Gewehr
und schlug damit noch so lange um sich, bis ihn ein Franzose
im Genick faßte und ihm ein Messer in die Kehle stieß. Schwer
getroffen stürzte er zusammen und wurde noch lebend in Stücke
gehauen; seine Waffengefährten aber wurden gefangen, beraubt und im Triumph fortgeführt. Seine Tapferkeit zu
ehren, setzten ihm die preußischen Feldherrn und Officiere
einen 17 Fuß hohen marmornen Obelisk mit den Inschriften
auf drei Seiten: „J. G. v. Gauvain, Königl. Preuß. Lieutenant im Füselier = Bataillon v. Schenke;" „Er fiel als Held
am 20. März 1797;" „Sein Leben war des Heldentodes
werth;" und mit der Umschrift: „Deine Freunde weinen um
dich." Zu diesen scheint der Oberst v. Szekuly nicht gehört
zu haben; denn er wies den Beitrag zum Monumente mit
den Worten zurück: „Ich gebe nichts dazu; v. Gauvain hat
nur seine Schuldigkeit gethan." Bei ihrem Rückzuge 1796
zerstörten es die Franzosen; aber 1833 legte König Friedrich
Wilhelm IV., als Kronprinz, den Grundstein zu dem in neuer
Form oben errichteten Denkmal.

Der Liebhaber industrieller Etablissements wird diesen
Ausflug benutzen, auch die oberhalb Stromberg's an der
Chaussée nach Simmern gelegenen großen Eisenwerke von
Sahler, Puricelli und Utsch zu besuchen. Stromberg hat
zwei gute Gasthöfe.

10. Die Landsburg mit Obermoschel. (3 St.)

Weniger für den Liebhaber von Naturschönheiten und historischen Alterthümern als für den Geognosten und Mineralogen zu empfehlen ist ein Ausflug nach der Landsburg (2½ St.) und dem ihr nahen (½ St.) Obermoschel. Wir gelangen dahin entweder zu Wagen über Altenbaumberg, Hochstätten und vor Alsenz durch das Moschelthal, oder zu Fuß über Ebernburg, Feil und die Dreiweiher auf dem Gebirgskamme hin. Am Fuße des Landsberges von Nieder- bis Obermoschel sind Quecksilbergruben, deren Ausbeute, meist in Zinnober bestehend, heute weniger lohnend ist, als in früheren Zeiten, wo der Betrieb aber auch viel einfacher und weniger kostspielig war. Für Manchen mag das Befahren eines Bergwerkes etwas Neues sein; für ihn bietet der Stollen in den Berg Gelegenheit, seine Neugierde nach den Schätzen der Unterwelt ohne andere Gefahr zu befriedigen, als beschmutzt und vielleicht mit einer Beule wieder zu Tage zu kommen, worauf freilich der Naturforscher nicht achtet. Auf dem Gipfel des Berges treffen wir die aus der französischen Zertrümmerung von 1689 und den Stürmen des Wetters noch erhaltenen Trümmer der Landsburg oder Moschellandsburg, vor Zeiten ein veldenzisches, zuletzt pfalzzweibrückisches Schloß. Die Aussicht von der beträchtlichen Höhe auf die näheren Umgebungen ist wenig anziehend; aber in die Ferne trägt das Auge über die schönsten Punkte der Pfalz und wird entzückt durch den Wechsel der vorüberziehenden Zauberbilder.

Die Stadt Obermoschel hat zwei gute Gasthöfe. Eine

sehenswerthe Stufensammlung der in der Gegend vorkommen=
den Erze zeigt der Besitzer Vincenti gern.

11. Kloster- und Burgsponheim. (2 St.)

Der Reichsgrafen von Sponheim und ihrer alten Bene=
dictinerabtei auf dem Feldberge haben wir bereits so oft Er=
wähnung gethan, daß wir uns wohl auch entschließen, die
Wiege jenes Geschlechts und ein Werk ihrer Frömmigkeit zu
besuchen, welches vor Zeiten die Keime mannigfacher Bildung
in sich getragen und oft die schönsten Früchte getragen hat.

Zum Rüdesheimer Thor hinaus auf der Chaussée nach
Saarbrücken geht's hinter dem Dörfchen Rüdesheim rechts
ab nach Mandel, ehemals ein pfälzisches Lehn an die Frei=
herren-von Dahlberg, bis diese es an Karl August, damals
(1786) noch Reichsgrafen von Bretzenheim, verkauften. So
wurde es ein Theil des Fürstenthums Bretzenheim, welches
die Wogen der französischen Revolution verschlangen. Merk=
würdig ist folgende uns von Tritheim überlieferte Begeben=
heit, die sich im Jahre 1212 zu Mandel zugetragen hat:

„Ein Bauer, Namens Adelbert, starb und sollte begraben
werden, als er wieder lebendig ward. Dem Erzpriester Udo
von Mandel dünkte die Sache so wunderbar, daß er eiligst
zum Abt Rupert von Sponheim und Prior Johann sandte,
und vor ihnen und noch vielen anderen Zeugen erzählte der
Auferstandene, wie nach des Leibes Tod seine Seele von
Teufeln umschwirrt und schier der ewigen Verdammniß über=
liefert worden sei,. weil er von dem Kirchenzehnten eine gute
Garbe entwendet und eine schlechte dafür gegeben habe. Nun
aber sei er zur Erde zurückgeschickt, um seine Sünden zu be=

reuen und Jedermann zu melden, wie schwer der Betrug gegen Kirchen und Klöster bestraft werde." — Von Mandel bedarf's einer halben Stunde über eine waldige Anhöhe und durch fruchtbare Fluren bis zum Dorfe Sponheim, vor welchem ein kleiner Pfad zur stattlichen Domkirche und den Ruinen des ehemals weitberühmten Klosters führt. Die erste wurde 1044 von dem Grafen Eberhard von Sponheim in Form eines Kreuzes zu Ehren der heiligen Jungfrau erbaut und reich botirt, das andere 1101 vom Grafen Stephan von Sponheim angefangen, aber erst von seinem Sohne Meginhard vollendet und 1123 von dem Bischof Burkard II. von Worms Namens des Erzbischofs Adelbert von Mainz feierlich eingeweiht.

Ein Jahr darauf räumte Meginhard unter Vorbehalt der Schirmvogtei die neue Stiftung den Benedictinern ein, welche Bernhard von St. Alban zu Mainz zum Abte wählten. Dieser gründete 1125 am westlichen Saume des Gauchsberges noch eine Klause für heilige Jungfrauen; aber schon 1206 hatten sie sich mit den Benedictinern auf dem Feldberge in so übeln Ruf gebracht, daß sie 1224 dem St. Rupertskloster bei Bingen überwiesen wurden. Einen großen Namen verschaffte er seinem Kloster durch Erwerbung kostbarer Reliquien, namentlich zweier ganzer Körper von der heiligen Schaar der 11,000 Jungfrauen in Köln und einer ganzen Sammlung von Stückchen aller heiligen Oerter Jerusalems. Viele löbliche Aebte regierten nach ihm über die fügsamen Mönche, darunter Meginhard's Sohn Krafto, dann Janus aus dem Geschlechte der Edlen von Sponheim, welcher mit Johann I. (1217) einen Kreuzzug nach Palästina machte, und Wilicho, des

Grafen Heinrich von Sponheim Schwäher; allein als unter dem Abte Peter von Mainz († 1290) die Gemeinschaft der Güter gelockert und unter Heinrich von Kreuznach († 1340) die Vertheilung eigner Pfründen an die einzelnen Mönche förmlich eingeführt wurde, riß schwelgende Ueppigkeit und unbändige Zügellosigkeit unter diesen ein. Vergebens waren die Bemühungen gutgesinnter Aebte für die Wiederherstellung der alten Zucht und Ordnung. Wilhelm von Böckelheim dankte nach neunjähriger fruchtloser Arbeit (1350) selbst wieder ab. Abt Bernhard, ein Edler von Sponheim († 1432) wollte mit Gewalt das Umhertreiben der Mönche und die Gemeinschaft derselben mit den Dirnen im Klostergarten ausrotten und hieb mit der Axt auf einen — Kirschbaum los, worunter sich dieselben eben belustigten, büßte dabei aber aus Unvorsichtigkeit ein Auge ein, wurde verlacht, und die alte Wirthschaft ging noch toller fort. Indessen hausten auch einige Aebte selbst nicht zum Besten. So nach Krasto II. Philipp II. († 1390), der ein kostbares goldenes Klosterkreuz verschleuderte, um seinen Aufwand zu decken; Gobelin aus Kreuznach (1439), der des Klosters Urkunden verbrachte; Humprecht, genannt Schiltweck, welcher Spiel und Weiber liebte und sein Leben aus Schreck verlor über etliche Gespenster, die ihm zur Nachtzeit erschienen, u. a. m. Erst der Abt Johann († 1483) stellte durch Aufnahme jüngerer Leute, die er allmählig an die Schule der Entbehrung gewöhnte, und durch sparsamen Haushalt die lang vermißte Ordnung wieder her; aber die volle Blüthenzeit des Klosters fiel unter seinen Nachfolger, den Abt Johann Tritheim. Mittelmäßigen, aber ehrbaren und freien Eltern zu Trittenheim bei Trier entsprossen, hatte

er das Unglück, seinen Vater schon im ersten Lebensjahre zu
verlieren und einen Stiefvater zu erhalten, der sein leicht
faßliches Genie nicht zu schätzen verstand und seiner Neigung
zu den Studien auf jede Weise entgegentrat. Nachdem er sich
in nächtlichen Stunden, wann Alles im tiefsten Schlafe lag,
mit Hülfe eines Freundes in den Anfangsgründen der Wissenschaften unterrichtet hatte, nahm sich ein geistlicher Oheim
seiner an und sorgte für seine weitere Fortbildung, indem er
seinen Stiefvater zur Herausgabe des Vermögens des jungen
Tritheim nöthigte. Aber nun brach auch jenes Zorn erst
recht gegen diesen los, und unter Thränenströmen, von
Schimpfreden erpreßt, entwich er dem elterlichen Hause
und irrte drei Tage in der Fremde umher. Von Heidelberg
zurückkehrend, fand er endlich eine sichere Zufluchtsstätte bei
den Benedictinern zu Sponheim, trat (1488) in den Orden,
lebte fast nur dem Studium der Wissenschaften in der Einsamkeit seiner Zelle und wurde schon acht Monate nach seinem
Profeß zur erledigten Abtswürde gewählt. Beim Antritte
derselben traf er nur 48 Bände von geringer Bedeutung an,
und nach dreiundzwanzigjähriger Regierung zählte er mehr als
2000 Bände der kostbarsten gedruckten und handschriftlichen
Werke in fast allen damals bekannten Sprachen, welche er
meist auf eigne Kosten aus fürstlichen Geschenken gesammelt
und geordnet hatte. Daher strömten Fürsten, Bischöfe,
Doctoren, Magister, Edelleute und die berühmtesten Männer
von nah und fern nach Sponheim, um die herrliche Bibliothek, die in aller Welt berühmt war und in ganz Deutschland
ihres gleichen nicht hatte, zu sehen und den großen Gelehrten,
der sie gesammelt und ungewöhnliche Weisheit daraus ge-

schöpft, persönlich kennen zu lernen. Mit gleicher Gewissen=
haftigkeit sorgte er für die zeitliche Nothdurft seiner Ordens=
brüder und ordnete nicht nur ihre Einkünfte vollständig,
sondern vermehrte sie auch durch Wiederkauf ansehnlich.
Im Jahre 1488 begann er seine schriftstellerische Laufbahn
in lateinischer Sprache und gab eine große Menge gesam=
melter Bücher meist zwar theologischen, moralischen und
kirchlichen, aber auch allgemein = und besonders geschichtlichen
Inhalts heraus. Zu den letzteren gehören sein „Buch über
den Ursprung der Franken,“ seine „Chronik der auseinan=
derfolgenden Herzöge von Baiern und Pfalzgrafen,“ seine
„Sponheimer Chronik“ und seine „Hirsauer Chronik,“ alle,
wenn auch von Irrthümern nicht frei und manchmal ver=
worren, doch im Ganzen höchst verdienstvolle Werke. Der
Ruf von Tritheims Gelehrsamkeit und christlicher Gesittung
war so groß, daß der Kurfürst Philipp sich in wichtigen
kirchlichen Angelegenheiten seines Rathes bediente, daß der
Kaiser Maximilian auf dem Fürstenconvente zu Cöln ihn
zu gelehrter Unterredung zu sich entbot und reich beschenkt
entließ, und daß der Bischof von Cahors ihn unter glän=
zenden Versprechungen durch einen eigenen Abgesandten nach
Frankreich einlud. Am meisten aber schätzte und ehrte ihn
der Kurfürst Joachim von Brandenburg, der ihn an seinen
Hof zog und neun Monate täglich seinen Unterricht in der
lateinischen und griechischen Sprache, in der Mathematik
und Geschichte genoß, nach seiner Anleitung die Universität
Frankfurt an der Oder stiftete und ihn endlich, obwohl un=
gern, mit kostbaren Geschenken wieder von sich ließ. Doch
blieb er stets mit ihm in der innigsten Verbindung und gab

ihm seine Dankbarkeit auf jede Art zu erkennen. So
schrieb er ihm 1507 von Berlin aus: „... Ich schicke Dir,
Theuerster! eine Tonne eingesalzener Hechte und zwei Ton=
nen Häringe; mögest Du sie geneigt aufnehmen, nicht um
des Geschenkes willen, sondern zum Andenken. Ich habe
diesmal weder Stör noch Salm aufbringen können, sonst
hätte ich sie Dir gerne geschickt. Wo ich nur etwas Gutes
für Dich auftreiben kann, da macht es mir besonderes Ver=
gnügen, wie es auch Dein Fleiß und Deine Treue gegen
mich verdienen. Mit Recht würde ich mich ja der Undank=
barkeit schuldig machen, vergäße ich je Deiner Wohlthaten
gegen mich. Mein lebhafter Wunsch ist, daß Du um Pfingsten,
oder, wenn es sein kann, noch früher zu mir kommst; denn
ich habe viel mit Dir zu sprechen, was sich nicht gut für
einen Brief schickt 2c." Ueber diese letzte Aeußerung gibt
Tritheim selbst in einer Antwort Aufschluß, die er einem
vertrauten Freunde, dem gelehrten Karmeliten Arnold Bost
von Gent, auf seine Frage ertheilte, womit er sich eben
beschäftige. Er erwiederte: „Ich habe eben auf eines Fürsten
Begehren das große Werk einer Stenographie unter der
Feder, welches von gewissen verborgenen und erstaunlichen
Dingen und Künsten handelt, von mir erfunden, und, wie
das Werk selbst zeugt, vor mir Niemanden bekannt." Ohne
Zweifel steht der Schluß jenes Briefes mit dieser Antwort
in genauer Verbindung und zeigt, wie weit die Neigung
jener Zeit zu geheimen Künsten verbreitet war, so daß
selbst Tritheim davon nicht frei blieb.

Während seiner Abwesenheit von seinem Kloster (1505)
brach indessen die lang verhaltene Glut heimlichen Grolls

über die vermeintliche Beschränkung ihrer Freiheit unter den
fleischlich gesinnten Mönchen zur hellen Flamme des Aufruhrs auf, und die friedlichen Hallen der Andacht wurden
Tummelplätze grenzenloser Verwirrung und empörender Auf-
tritte. Tief gekränkt über diese Undankbarkeit kehrte Tritheim trotz der Bitten des Ordenskapitels zu Mainz nie mehr
zum Kloster zurück und nahm zum Erstaunen Vieler die ihm
angebotene Abtei des St. Jacob zu Würzburg an, wo er
1516 im vierundfünfzigsten Lebensjahre seine irdische Laufbahn beschloß.

Als Tritheim der Abtei Sponheim den Rücken zugekehrt,
erlosch ihr Ruhm schneller noch, als er entstanden war.
Die nachfolgenden Aebte sind kaum der Erwähnung werth.
Der letzte bei der Aufhebung des Klosters durch Kurpfalz
und Baden (1565) war Spira, der sich mit Beatrix, Aebtissin
des nahen Cisterzienserklosters zu Braunweiler, vermählte
und mit einem Jahrgehalte erster protestantischer Prediger
wurde. 1622 nahmen die Benedictiner, von spanischen
Waffen unterstützt, wieder Besitz vom Kloster, mußten aber
1632 den Schweden weichen, kehrten nach der Nördlinger
Schlacht 1634 zurück und verließen es 1652 auf die Weisung
des Herzogs Philipp Ludwig von Simmern wiederum. 1687
führten die Franzosen die Benedictiner auf's Neue ein und
1699 übergab ihnen der Kurfürst Johann Wilhelm auch die
Güter und Gefälle des Klosters unter der Bedingung einer
jährlichen Abgabe an die geistliche Verwaltung zu Heidelberg.
So blieb es bis zur Aufhebung der Klöster durch die Franzosen. Des Klosters Gebäulichkeiten sind jetzt theils verfallen, theils zur katholischen Pfarrwohnung eingerichtet.

Die Kirche, fast aller ihrer Zierrathen und ehemaligen
Sehenswürdigkeiten beraubt, hat noch einige Grabmäler
ohne Bedeutung aufzuweisen. Ein auf dem Kirchhofe 1688
gefundener Denkstein des letzten Abtes Spira und seiner
Gattin Beatrix ist sonderbarer Weise am Eingange der
Kirche eingemauert. (Hic ego Jacobus Spira, ultimus hujus
collegii Sponheim Abbas et primus hujus loci pastor,
cum conjuge charissima Beatrice requiesco. Hier ruhe
ich, dieses Klosters Sponheim letzter Abt und dieses Ortes
erster Pfarrer, Jacob Spira mit meiner theuersten Gattin
Beatrix.)

Von des Klosters verfallenem Gemäuer wendet sich der
scheidende Blick zur neuen evangelischen Kirche, welche, in
rein gothischem Stile erbaut, uns zur näheren Betrachtung
ihrer schönen Formen einladet. Dann geht's hinüber zur
steilen Anhöhe, auf welcher vor Zeiten der Dynasten von
Sponheim starke Feste keck nach drei Seiten hin in die jähe
Tiefe hinabsah, während sich westlich das Dörfchen gleichen
Namens unter ihre schützenden Mauern barg. Das Dörfchen
ist geblieben, obschon es öfters des Krieges verderbliche
Gewalt erfuhr; aber von der stolzen Burg, die einst der
ganzen Gegend Geschick bis über die Nahe und Mosel hin
geleitet, nichts mehr als ein wüstes Mauerwerk, aus welchem ein riesiger Thurm, das einzige Ueberbleibsel aus der
1688 methodisch geübten Zerstörung der Franzosen, immer
noch den Stürmen trotzend, sich keck in die Luft erhebt. —

Eine Stärkung von der etwas mühsamen Wanderung
finden wir zu Klosterspouheim oder besser zu Mandel in
ländlichen Wirthschaften.

12. Schloßböckelheim und das Kloster Disibodenberg.
(3 St.; per Eisenbahn 48 M.)

Schloßböckelheim.

Von Kreuznach fahren wir mit dem Zuge an Münster, Norheim und Niederhausen vorbei nach der Station Waldböckelheim, in deren Nähe das Schloß liegt. Wer Fußtouren liebt, kann auch schon von Burgsponheim durch Feldwege in südöstlicher Richtung in drei Viertelstunden dahin gehen; oder wählt von Kreuznach aus die Chaussée nach Saarbrücken, oder über den Lohrhof und Hüffelsheim die kürzere Linie, beide auch zu Wagen.

Die Ruine von Burgböckelheim, auf steilem, schwer zugänglichen Berge, an welchem der Zug vorüberbraust, war vor Alters eine rheinfränkische, dann kaiserliche Reichsburg, welche Heinrich IV. dem Bischof Einhard von Speier (1065) schenkte, nicht ahnend die Schmach, deren Zeuge sie noch werden sollte. Bis gen Koblenz war ihm der entartete Sohn, welcher die Waffen gegen seinen Vater ergriffen hatte, entgegen geeilt und hatte hier so reumüthig seine Schuld bekannt, daß der Kaiser ihm nicht allein willig verzieh, sondern auch ohne Arg zum ausgeschriebenen Reichstag nach Mainz folgte. Kaum aber waren sie nach Bingen zur mainzischen Burg Klopp gekommen, als der heuchlerische Sohn die Maske fallen ließ, den getäuschten Vater niederwerfen und am anderen Tage nach dem finsteren Kerker des Schlosses Böckelheim schleppen ließ. „Ich will," so klagte Kaiser Heinrich selbst dem Könige von Frankreich, „nicht einmal der Schmähungen, des Hungers, des Durstes, der gegen mein graues Haupt gerichteten Kolben erwähnen, welches Alles um so kränkender sein mußte, weil ich einst glücklich war. Der Anblick meines Sohnes selbst erfüllte mich mit dem größten Kummer und väterlicher Liebe zugleich. Ich warf mich ihm zu Füßen, ich bat ihn auf den Knieen, ich beschwor ihn bei Gott, bei seinem Eide, bei seiner künftigen Seligkeit, daß, wenn auch Gott mich wegen meiner Sünden strafen wolle, doch er wenigstens seinen Namen und seine Ehre nicht durch einen so schändlichen Undank beflecken möge, indem kein göttlich und kein menschlich Gesetz einem Sohne erlaubte, seinen eigenen Vater zu bestrafen." Von Böckelheim wurde der Kaiser nach Ingelheim geschleppt, wo die Hände der Prälaten, denen er des Reichs beste Pfründen gegeben, ihn der kaiserlichen Kleinodien beraubten und dem Sohne die vom Vatermord besudelte Krone auf's Haupt setzten. Denn am 7. August 1106 starb der Kaiser aus Gram und Elend.

Mit Kreuznach ging Burg Böckelheim (1241) an Sayn, mit der Gräfin Adelheid von Sayn an Sponheim, durch den Grafen Heinrich von Sponheim käuflich zu zwei Drittheil an Kurmainz, durch die Schlacht bei Sprendlingen (1279) gänzlich an dies Erzstift, durch Verpfändung (1462) an Pfalz-Zweibrücken, durch Eroberung (1471) an Kurpfalz, durch Erbschaft an Pfalzsimmern und, als Kurmainz sie davon wieder einlösen wollte (1663), durch Waffengewalt und endlichen Vergleich unter Johann Wilhelm fest an Kurpfalz über. Allein das Schloß, 1688 von den Franzosen demolirt, war jetzt nur noch ein Trümmerhaufe. An diese lehnen sich die Hütten des Dörfchens Schloßböckel-

heim und an den Fuß des Berges die Häuser von Thal-
böckelheim. Der Blick auf die tief unten dahinrauschende
Nahe und die kahlen Felsen mitten unter den Rebenpflanzungen und über dem freundlichen Thalgrunde, aus welchem
das Oertchen Boos malerisch hervorblickt, gibt der Aussicht vom Schlosse herab einen melancholischen Anstrich.

Disibodenberg.

Von der Station Waldböckelheim führt die Locomotive bald schon an Boos vorüber nach der Station
Staudernheim und eine kurze Wegestrecke über eine
stattliche Nahbrücke nach dem hessen = homburgischen Orte
gleichen Namens. Zu Fuß geht der Weg von Schloß-
böckelheim dahin über das uralte Dörfchen Boos, gar
anmuthig an der Nahe in einem baumreichen Thale gelegen,
welches von zwei Seiten hohe, gegen die Mittagssonne mit
Reben bepflanzte Berge einengen. Zwei gute Gasthäuser
in Staudernheim laden zur Ruhe und Erquickung ein.
Oestlich vom Orte, ehe der Glan sich in die Arme der Nahe
wirft, erhebt sich, nach drei Seiten hin abschüssig und steil,
nach Osten aber sanft abgleitend eine Anhöhe, deren breite
Fläche noch bedeutende Ruinen bedecken. Es ist der Disibodenberg mit den ehrwürdigen Resten einer Abtei, deren
hohes Alter kaum die Sage kennt, und einer Burg jüngeren
Ursprungs, aber längst zerstört.

Disibob, ein irischer Apostel, und drei seiner Jünger,
Gisbald, Klemens und Salust, siedelten sich hier um das
sechste Jahrhundert nach zehnjähriger mühseliger Wanderung
durch vieler Herren Länder an. Ein Engel hatte, der Sage

nach, ihm im Traume des Herrn Befehl verkündigt, „in
alle Welt zu gehen, alle Völker zu lehren und sie zu taufen
auf seinen Namen, bis er zur Stätte käme, wo sein Stab
grünte, ein Quell unter dem Hufschlag einer weißen Hirschkuh emporsprudelte und die Waffer sich vermählten." Und
das Alles ward erfüllt, da er hier an eine Stelle kam,
wo sein Stab, bei einer kurzen Rast in die Erde gesteckt,
Knospen und Blätter trieb und eine weiße Hirschkuh unterm
Abweiden des Grases auf den Boden stampfte, daß ein
Quell emporsprang, Angesichts der Vermählung des Glans
mit der Nahe. Da machte er sich eine Hütte und führte
darin ein einsames Leben unter Beten, Fasten und Wachen,
seine Gesellen aber zogen weiter hinauf auf des Berges
Gipfel und bauten ein Bethaus mit bequemeren Zellen, erst
für sich, dann auch noch für etliche Hirten, die sich den
heiligen Männern anschlossen. Und Disibod that Zeichen
und Wunder unter allerlei Volk, das von nah und fern
herbeiströmte, das Wort des Lebens aus seinem Munde zu
vernehmen und aus seinen Händen zu empfahen Gnade um
Gnade. Als er endlich lebensmüde, einundachtzig Jahre
alt, seine irdische Pilgerfahrt beschloß, stand bereits auf der
Höhe ein Kloster, stattlich für jene Zeit und von Mönchen
bevölkert, die sich zu Benedikt's von Nursia gelinder Regel
bekannten. Die Wundersagen aus Disibod's Leben und die
Beisetzung seiner Gebeine in der Klosterkirche durch den Bischof Bonifacius zu Mainz lockten unzählige Wallfahrer zu
seinem Grabe, an welches fromme Einfalt und bald auch
Priestertrug neue Wundermähren knüpften. Denn Höhe und
Niedere wetteiferten gleichsam an Freigebigkeit gegen eine

Stiftung, welche so offenbar unter des Himmels besonderer Gunst stand. So wurde das Kloster ob seiner Reichthümer weit und breit berühmt, und fast drei volle Jahrhunderte blühte es unversehrt in gleichem Glanze. Da übergab (969) Kaiser Otto I. dessen Schirmvogtei dem Erzbischof Hatto II. von Mainz, und dies wurde der Abtei Ruin. Denn diesen gelüstete selbst nach den reichen Einkünften; er zog sie an sich, ließ die Mönche darben und die Gebäude verfallen. Da erbarmte sich der Erzbischof Willigis (997—1011) Disibob's Stiftung wieder, gab ihr die Gefälle zurück und baute eine neue Kirche, die er mit Einkünften gut dotirte und sammt Kloster zwölf Chorherren übergab. Allein zu ihrem Unglück reihte sich an dasselbe eine Frauenklause, in Folge dessen eine solche Unsittlichkeit auf dem Disibodenberge ein= riß, daß die Chorherren hundert Jahre nach ihrem Einzuge auf erzbischöflichen Befehl den Benedictinern die Abtei wie= der abtreten mußten, welche Erzbischof Adelbert I. (1128) mit neuen Gütern beschenkte. Eine neue Kirche, von Abt Kuno oder Konrad I. um 1136 vollendet, worin die Gebeine des heil. Disibod versetzt wurde, gab dem Kloster neuen Glanz, und damit die Mönche künftig auch von den Ver= suchungen gesichert seien, denen die Chorherren unterlegen waren, führte die heil. Hildegardis (1148) die Nonnen vom Disibodenberge nach dem St. Rupertskloster bei Bingen. In der ersten Hälfte des dreizehnten Jahrhunderts nahte den friedlichen Hallen des Klosters das Getöse des Krieges. Erzbischof Siegfried von Mainz hatte in einer Fehde wider den Wildgrafen Konrad II. und seine Verbündeten auf dem Disibobenberg eine Feste gebaut, von welcher er Einfälle in

15 *

beren Gebiet machte und ihnen merklichen Schaden zufügte.
Die Burg wurde von den Verbündeten genommen, geplün=
dert und geschleift, und auf Grund einer Sühne (1242)
von Siegfried selbst völlig zerstört. Unterdessen hatten die
Benedictiner ihrer ohnedies gelinden Regel eine so milde
Auslegung gegeben, daß der Erzbischof Gerhard I. von Mainz
sich (1125) genöthigt sah, sie zu vertreiben und Cisterzienser
mit strenger Ordenszucht dahin zu verpflanzen. Dritthalb=
hundert Jahre blühte nun die Anstalt wieder, bis zu An=
fang des fünfzehnten Jahrhunderts die Bauern tückisch in
der Bezahlung der Gefälle und die Mönche überdrüssig ihres
Gelübbes wurden. Bis 1560 fristete jedoch die Anstalt noch
ihren Bestand, da der letzte Abt, Peter von Limbach, mit
dem einzig übrigen Bruder Johann von Burg das Kloster
sammt Einkünften gegen einen Jahrgehalt an den Herzog
Wolfgang von Zweibrücken, als Erbkastenvogt, abtraten.
Dieser ließ dieselben durch einen eigenen Schaffner zum
Besten einer lateinischen Schule in Hornbach verwalten.
Zwar gelangten die Cisterzienser im dreißigjährigen und
Orleans'schen Kriege nochmals in den Klosterbesitz, allein
durch den Hagenbacher und Selzer Vertrag (1768) fielen
die Einkünfte der kurfürstlichen Hofkammer zu, während die
verlassenen Gebäulichkeiten mehr und mehr verwetterten und
zusammenstürzten, so daß nur Weniges mehr von einem
Baue übrig ist, welchem Alter und Reichthum einen großen
Ruf, und die Namen seiner gelehrten Aebte Theodorich,
Dobechin und Jongelin auch literarische Berühmtheit er=
worben haben. Indessen lassen sich noch recht gut unter=
scheiden die Zelle des Pförtners, die verschiedenen Zimmer

mit ihrer Bestimmung, die Wohnung des Abtes und die
Plätze, wo die Kapellen und die Hauptkirche gestanden, von
welcher noch die Säulen wohlgeordnet dastehen. Der Besitzer der Ruine (Wannemann) hat mit der größten Uneigen-
nützigkeit und vieler Umsicht die Ruinen aufräumen, bequeme
Wege einrichten und die Höhe mit kunstreichen Anlagen
schmücken lassen. Da der Disibodenberg frei dasteht mitten
in einer von höheren Bergen umgebenen Landschaft, so hat
man von ihm herab eine herrliche Aussicht, östlich auf die
lieblichen Ufer des Glans, der hier seine rauschenden Gewässer der Nahe zuführt, südlich über das wohlhabende
Odernheim, welches reizend im Thalgrunde lagert, westlich
den gekrümmten Lauf der Nahe hinauf über fruchtbare
Fluren und grüne Weinhöhen, nördlich auf das Gebirge,
hinter welchem der Fluß seine Wellen dem Auge entzieht,
und am fernen Horizont die dunkeln Schatten des Soons.

13. Schloß Dhaun, Kirn, Oberstein und Idar.

Schloß Dhaun und Kirn. (6 St.; per Eisenbahn 1 St. 24 M.)

Von Staudernheim führt die Eisenbahn über Sobernheim an Monzingen und Martinstein vorüber nach
Kirn, wo der Gasthof zur Post zum Sammelplatz für
weitere Ausflüge dienen mag. Der erste Besuch gilt den
Ruinen des alten Bergschlosses der Wildgrafen von Kyrburg, die unmittelbar über der Stadt
Kirn liegen und eine herrliche Aussicht auf diese und die
Thäler der Nahe und des Hahnebachs gewähren. Dann mag
sich der Freund alter Schloßruinen Steinkallenfels

(¹/₂ St.) und Wartenstein, nördlich davon im Hahne-
bachsthale, besehen; auch Naturschönheiten bieten sie in Fülle.
Unser nächstes Ziel ist Johannisberg (1 St.), dessen
Kirche mit den Grabmälern der Wildgrafen ebenso interessant,
als die Aussicht von dem steilen Felsen, worauf sie steht,
lohnend ist. Von da führt eine halbe Stunde Wegs nach
Dhaun, unstreitig einer der schönsten und geschichtlich merk-
würdigsten Punkte von Kirns Umgebungen. Die umfangreichen Ruinen gehören dem Baue verschiedener Jahrhunderte
an; der jüngste Theil, am Anfange des vorigen Jahrhunderts
errichtet, war auch bis zum Schlusse desselben bewohnt. Damals versteigerten die Franzosen Gut und Schloß als Natio-
naleigenthum. Die Ueberreste der Oekonomiegebäude hat der
Besitzer mit hübschen Anlagen verdeckt. Eine prachtvolle Aussicht öffnet sich dem Auge von den verschiedenen Seiten der
Burg, fernhin nach den Rheinbergen und dem Donnersberg,
näher nach dem Disibodenberg und dem Soon mit der Ruine
von Koppenstein und in der Umgebung die Schlösser
Martinstein, Brunkenstein und Heinzenberg
mit ihren romantischen Thälern, deren Besuch von Dhaun
aus leicht und lohnend ist. Die Schicksale aller dieser alten
Burgen schmiegen sich an

die Geschichte der Wildgrafen von Dhaun.

Diese so mächtigen Dynasten leiteten selbst ihren Ursprung
von einem der fränkischen Grafen Northold oder Franko her,
welche 926 von Kloster St. Maximin zu Trier einen Felsen
am Ufer des Baches „Kyrn" eintauschten, um daselbst eine
Burg zu gründen. Jedenfalls sind es Nachkommen der alten

Grafen des Nahgaus, weil wir sie im Besitze eines großen Theils der Herrschaft derselben finden. Dazu gehörten aber außer der Kyrburg auch die Schlösser D h a u n, viel früher als jene entstanden, die S t r o m b u r g und Altenbaum= b u r g, wie bekannt ist. Von 961 bis 1113 folgten fünf Emich als Grafen des Nahgaus aufeinander. Emich V. (1086—1113) nannte sich von seinen Schlössern auch Graf von Kyrburg und Schmidtburg. Seine Söhne waren Emich VI., der sich in den Urkunden einen Grafen zu Kyrburg und Schmidtburg, Altenbaumburg und Flonheim nannte, und Gerlach, Stamm= vater der Grafen von Veldenz. Emich VI. pflanzte sein Ge= schlecht fort durch Konrad, den Wildgrafen zu Dhaun und Kyrburg, und Emich, den Raugrafen zu Altenbaumburg. Von Konrads zwei Söhnen Gerhard und Konrad vererbte der erstere seine Herrschaft auf seinen Sohn Konrad II., der mit dem Erzbischof Siegfried von Mainz eine blutige Fehde hatte. Anfangs (1239) mußte er eine Sühne unterschreiben, „diesem sechszig Reiter und vierzig Gewappnete wider Jedermann, es sei denn der Kaiser, zu stellen;" dann aber verstärkt durch den Raugrafen und den Grafen Gottfried I. von Sponheim, griff er den Erzbischof auf's Neue an und zerstörte (1242) mit seinen Verbündeten dessen Feste Disibodenberg von Grund aus. Abermals zum Frieden gezwungen, mußte er dem Erz= stift sein Schloß Kyrburg als Lehn auftragen. Nichtsdesto= weniger nahm er noch im grauen Alter Theil an einem Ge= fechte bei Schwarzenberg wider den Erzbischof Balduin von Trier. Durch seine zwei Söhne, E m i c h und G o t t f r i e d, entstanden zwei Linien, die k y r b u r g i s c h e und d h a u = n i s c h e. E m i c h v o n K y r b u r g hinterließ seine Herr=

schaft zwei Söhnen, Konrad III. und Gottfried Raup. Der erstere erhielt bei der Theilung (1282) Schmidtburg, welches sein Sohn Heinrich (1324) für 400 Pfund Heller dem Erzbischof Balduin von Trier zu Lehn auftrug, woraus bald darauf ein heftiger Krieg entstand. Gottfried Raup von Kyrburg hatte zwei Kinder, den Wildgrafen Friedrich und eine Tochter Susanna, (1303) an Johann II. von Sponheim verlobt, aber, weil sie die versprochene Anwartschaft auf Kyrburg nicht mitbringen konnte, an den Raugrafen Ruprecht von Altenbaumburg verheirathet.

Gottfried von Dhaun hinterließ (1301) einen Sohn Konrad IV. und dieser zwei Söhne, Johann und Hartard, von denen der erstere in der Wildgrafschaft Dhaun folgte und seinem Vetter Friedrich von Kyrburg getreulich wider Balduin von Trier beistand. Dieser hatte sich nämlich nach Heinrich's von Schmidtburg Tode des heimgefallenen Lehns bemächtigt, wogegen der Wildgraf Friedrich von Kyrburg, von Johann von Dhaun unterstützt, zu den Waffen griff. Friedrich, auch so dem kriegerischen Kirchenfürsten nicht gewachsen, mußte Frieden schließen und auf Schmidtburg verzichten. Da verband sich der Wildgraf Johann mit dem Pfalzgrafen Ruprecht, den Grafen Johann II. und Simon von Sponheim und dem Herzog von Lothringen und nahm die Schmidtburgische Erbschaft nun für sich in Anspruch. Der Erzbischof ließ die ganze Schwere des Krieges auf die sponheimischen Länder fallen und nöthigte dadurch die beiden sponheimischen Brüder zum Vergleiche mit ihm. Selbst der Wildgraf Friedrich sammt Cyliß und Kuno von Dhaun, Herr zu Stein, mußten seinem Banner folgen. Allein der tapfere Wildgraf Johann ließ sich durch alles dies von der Fehde nicht abschrecken und widerstand so glücklich allen wider ihn aufgebotenen Kräften, daß sich sein Vetter Friedrich auf's Neue mit ihm auf Theilung Schmidtburg's vereinigte. Deshalb verstärkte sich (1340) Balduin durch ein Bündniß mit dem Erzbischof Heinrich von Mainz und erbaute mit ihm, um den Wildgrafen einzuschließen, die Schlösser Johannisberg und Martinstein, welche sie gemeinschaftlich mit Pförtnern, Thurmknechten und Wächtern besetzten. Dagegen sicherte der Wildgraf sein Schloß Dhaun durch starke Befestigung der Schlösser Rothenburg und Brunkenstein, so daß die beiden kampflustigen Erzbischöfe beschlossen, noch eine dritte Burg auf der Geierley, von welcher Dhaun bestrichen werden konnte, zu errichten. Da warf sich der Wildgraf Johann in das Schloß Felsberg an der Saar und nöthigte durch die Verheerungen, welche er von da aus in den trier'schen Ländern anrichtete, den Erzbischof, sich mit seiner Heeresmacht dahin zu wenden und die Feste zu belagern. Zwar eilte auch der Herzog von Lothringen zum Ersatze herbei, aber dennoch gelang es Balduin bald, sie mit „seinen gewaltigen Wurfgeschossen niederzuwerfen." (Chr.) Nun legte sich der Kaiser Ludwig selbst in's Mittel und brachte erst einen Waffenstillstand, dann (1342) einen Vergleich zu Stande, worin Johann auf Schmidtburg verzichten, die Feste Brunkenstein schleifen, Dhaun dem Erzbischofe öffnen und Hochstetten zu Lehn auftragen mußte, wogegen er Schloß Johannisberg als Lehn empfing. So von Außen zur Ruhe gekommen, nahm der Wildgraf von Dhaun seinen Neffen, den Rheingrafen Johann, in die Gemeinschaft der dhaunischen Herrschaft auf, und der tapfere Rheingraf trat nicht nur nach seines Oheims Tode (1850) die reiche Erbschaft an, sondern behauptete sich mit den Waffen in ihrem Besitze wider die kyrburgischen Wildgrafen Friedrich und seine Söhne Gerhard und Otto, so daß diese zuletzt (1357) ihre Ansprüche selbst aufgaben. Nachdem Johann II., nun auch Herr zu Dhaun, die Brüder Konrad und Philipp zu Bolanden bei Rhaunen und Argenthal zweimal zu Paaren getrieben hatte, theilte er zwar mit seinem Bruder Konrad die rheingräflichen Erbstücke, behielt aber Dhaun für sich allein und vererbte es auf seinen ältesten Sohn Johann III. Dieser gab nach Konrad's kinderlosem Heimgang seinem Bruder Friedrich (1395) mit seinem Antheil an der Rheingrafschaft ein Viertel von Schloß Dhaun und wurde vom Wildgrafen Otto von Kyrburg, dem Oheim seiner Gemahlin Adelsheid, in die Gemeinschaft der kyrburgischen Länder aufgenommen. Als er aber nach dessen Tode (1409) von Kyrburg Besitz ergriff, fand er an Emich und Philipp von Oberstein, die als Kinder einer kyrburgischen Wildgräfin Agnes nähere Ansprüche behaupteten, so heftige Gegner, daß sich daraus ein verheerender Erbfolgekrieg entspann. Die Herren von Oberstein begannen ihn mit Ueberrumpelung der unteren Burg Kyrburg; aber unvermögend, sie zu behaupten, plünderten sie dieselbe aus und verheerten die Thalsanger Mark in weiter Runde. Gedrängt, schlossen sie zwar (1410) einen Vergleich, brachen ihn aber sogleich wieder durch Wegnahme des Schlosses Brunkenstein, welches sie ein ganzes Jahr behaupteten, bis Johanns Bruder Friedrich bei einem Ausfalle aus Dhaun die Burg erstieg und der Zerstörung preisgab. So dauerte der Krieg mit abwechselndem Glück bis

1414, da der Rheingraf Johann durch schiedsrichterliche Entscheidung Herr der kyrburgischen Länder blieb. Von nun an
geht die Geschichte der Wildgrafen von Dhaun und Kyrburg
mit der rheingräflichen Hand in Hand und verwickelt sich durch
die salmische Erbschaft, welche Rheingraf Johann V. mit der
Gräfin Johanna von Salm (1475) heimführte, immer mehr,
so daß fast nur von Verzweigungen derselben und Erbtheilun-
gen unter einander die Rede ist, denen wir nicht folgen
wollen.

Die rheingräflich-kyrburgische Linie erlosch (1688) mit
Johann X. und wurde nach langem Streite (1696—1699)
theils von der salmischen, theils von der rheingräflich-
grumbach'schen und dhaunischen Linie beerbt; auch die letztere
ging 1750 ein und ihre Besitzungen fielen der anderen zu,
die sich bis zur französischen Revolution darin behauptete.
Die noch übrigen rheingräflichen Häuser sind bei der Geschichte
der Rheingrafen genannt.

Oberstein und Idar.

Von Kirn aus fliegt der Bahnzug in kurzer Zeit über
Fischbach (Station) nach dem oldenburgischen Städtchen
Oberstein (Station. Gasthof zur Post), an den Fuß eines
Berges gelehnt und von der Nahe durchschnitten, die hier von
kunstvollen Bahnbrücken überjocht ist. Wir ersteigen alsbald
den gewaltigen Felsen, in welchen ein Kirchlein mit unsäglicher
Mühe ausgemeißelt ist — man sagt von den Händen eines
reuigen Brudermörders, erquickt nur vom reinen Quell, der
in demselben aus dem Felsen hervorsprudelt. Ueber ihr
sind noch die Trümmer zweier gegeneinander überliegender

alter Schlösser, vor Zeiten Sitze der Herren zu Oberstein, eines mächtigen Adelsgeschlechtes, welches selbst im Kampfe wider der Rhein = und Wildgrafen vereinigte Kräfte stand. Prachtvoll und entzückend ist das Landschaftsgemälde, welches sich oben in kurzen Rahmen dem Auge entrollt; doch dünkt Anderen die Aussicht vom Bahnhofe aus noch schöner und interessanter, weil von da das mächtige Felsgebilde mit Kirche und Ruinen mit in den Kranz der romantischen Umgebungen fallen. Der Besucher mag selbst darüber entscheiden. Aber noch eine andere Sehenswürdigkeit bietet O b e r s t e i n mit dem eine halbe Stunde entfernten S t ä d t c h e n J d a r dar; denn beide sind die Hauptorte der ausgedehnten Achatschleife= reien, welche in der G e w e r b e h a l l e zu J d a r ihre haupt= sächlichste Vertretung durch die in beliebiger Form und Fassung zusammengestellten Kunstachate haben. Bis zu welchem hohen Grade der Vollkommenheit diese Industrie hier gediehen ist, beweist schon der Umstand, daß die meisten Achate roh aus Südamerika kommen und bei dem Welthandel, der mit ihnen, als Kunstproducten, getrieben wird, verarbeitet wieder dahin gelangen. Die Tour nach Oberstein und Jdar dürfte nicht versäumt werden. (Gasthof in Jdar.)

14. Der Donnersberg. (7—9 St.)

Zu den schönsten, aber ermüdendsten Ausflügen von Kreuznach aus gehört der nach dem Donnersberg. Zu Wagen führt die Straße entweder über Ebernburg, Alsenz, Rocken= hausen und Schweißweiler, oder über Alzei und Kirchheim= bolanden; zu Fuß geht's über Niederhausen, Münsterappel, Oberhausen, Gaugrehweiler, St. Alban, der Appel entlang

nach Gerbach, dann über das Bastenhaus nach Dannenfels
(gewöhnliches Nachtquartier), und hierauf an den Ruinen des
Schlosses Dannenfels und den gewaltigen Schatten seiner
Kastanienbäume vorüber nach der umfangreichen Fläche des
riesigen Kegels (2016 Fuß hoch). Dieselbe bietet reichen Stoff
zu geschichtlichen Erinnerungen. Denn man findet dort deut=
liche Spuren eines großen römischen Winterlagers (hiberna)
und eines längst verschollenen Klosters; auch der fränkischen
Könige Majestät war durch einen Sitz auf der Kuppe des
„Königsstuhls“ vertreten. Allein Nichts kommt an
Großartigkeit und Pracht dem Rundgemälde gleich, welches
sich dort und auf dem Hirtenfels dem Auge öffnet.
Wohl trifft sich's bei schwülem Sommertage, daß die weite
Ebene des Rheins von Worms bis Mannheim, die man vom
Hirtenfels überschaut, sich plötzlich mit ungeheuern Massen
von Wolken füllt, erst grau, dann schwarz übereinander ge=
thürmt, erst langsam sich fortwälzend, wie ein qualmender
Rauch, dann immer schneller dahin fahrend, wie von unsicht=
barer Hand getrieben, und endlich in rasender Eile einher=
brausend, wie von einem Orkane gepeitscht, dessen Gewalt
hoch oben nur wie ein starker Luftstrom verspürt wird. Und
aus der ungeheuern Wolkenmasse bricht von Zeit zu Zeit eine
Flamme hervor, welche ihre gezackten Blitze bald in die Höhe,
bald abwärts schleudert, auch dem Ohre wie ein dumpfes Ge=
brüll in der Ferne vernehmbar. Allmählig aber klärt sich
der Himmel wieder, die Sonne blickt mit freundlicherem
Strahle durch die heitere Luft auf die erfrischte Landschaft
nieder, worin zahlreiche Städte, Dörfer und Weiler liegen,
umgeben von baumreichen Gärten, fruchtbaren Gefilden,

grünschimmernden Weinbergen und Wiesen und dunkeln Wäl=
bern, fernhin, wo die Thürme von Mainz, Worms, Speier
und Mannheim herüberschauen, von den Wellen des Rheins
durchfurcht, und an der Grenze des Horizonts thürmen sich
die stolzen Höhen des Melibocus und Taunus auf. Wir be=
treten den Königsstuhl und schauen von da dem vorüber=
gezogenen Wetter nach, wie es, von den Vorhöhen des Huns=
rückens und Soons aufgehalten, sich nochmals zu Ausbrüchen
seiner Wuth sammelt, dann aber, sich theilend, in die ge=
öffneten Schluchten stürzt und dem Auge verschwindet. Dafür
erscheint demselben jetzt das bekannte Bild der herrlichen
Gegend, vor welcher wir bisher so oft bewundernd und ent=
zückt gestanden haben: die Umgebungen von Kreuznach.

15. Kloster Rupertsberg, Elisenhöhe, die Drususbrücke, Bingen, Haus Klopp und die Rochuskapelle. (Bingen 3 St.; per Eisenbahn ½ St.)

Von Kreuznach fährt der Bahnzug an Bretzenheim,
Langenlonsheim (Station), Laubenheim, Münster
und Sarmsheim vorüber in kaum einer halben Stunde
nach Bingerbrück (Station) und dem Rupertsberg, wo die
Bahnhöfe der Rhein=Nahe= und der Rheinischen Bahn durch
eine Gitterbrücke über die Nahmündung mit der hessischen
Ludwigsbahn verbunden sind. Wer die Tour, die keineswegs
ohne mancherlei Reize ist, zu Fuß machen will, wählt ent=
weder den Weg auf der Chaussée durch den hessischen Gau
(3½ St.), oder den kürzeren und angenehmeren auf der
Chaussée nach Bingen (3 St.) und passirt dann alle die Orte,
an denen ihn die Locomotive im Flug vorübergeführt hat:

Bretzenheim, uns bereits bekannt; Langenlonsheim, ein altsponheimischer Ort, dessen Größe, freundliches Aussehen und Wohlhabenheit ihm den Namen eines Fleckens erworben haben; Laubenheim, uralt, wie schon die luftigen Trümmer seines halbverfallenen Kirchthurms beweisen; Sarmsheim, ein altadeliges Lehn von der Abtei St. Alban zu Mainz; Münster, schon zur Nahgaugrafschaft gezählt, dann pfälzisch, vormals mit einem prächtigen Münster geziert, welchen Wilhelm von Hessen (1504) den Flammen übergab; Trutzbingen, ein verfallener Thurm hinter Münster, von dem pfälzischen Amtmann Göler v. Ravensberg (1494) gegen die Ueberfälle der Binger erbaut und von Wilhelm von Hessen (1502) zerstört; endlich an der Drususbrücke vorüber nach dem Rupertsberg, wo wir ungern die Ruine des ehrwürdigen Klosters vermissen, welches in grauer Vorzeit hier gestanden hat. Hildegardis, die hochbegnadigte Seherin der Zukunft, begab sich 1147 mit achtzehn Nonnen zum Grabe des heil. Rupert, und bereits nach einem Jahre wölbte sich darüber eine Kirche mit Zellen für ihre frommen Schwestern. Ein Brünnlein am Abhange des Felsens grub sie mit eigenen Händen; dann widmete sie sich ganz dem beschaulichen Leben in Gott und sah in den Stunden der Verzückung die Zukunft vor sich aufgeschlagen wie ein Buch, aus dem sie ihrem Beichtvater Gottfried vorlas, der ihre Visionen getreulich niederschrieb. Dies und die hohe Begeisterung, womit sie für die Kreuzzüge entflammte, erwarben ihr schon während ihres zweiundachtzigjährigen Lebens viele Beweise der Hochachtung von geistlichen und weltlichen Fürsten und 150 Jahre nach ihrem Tode die Heiligenkrone.

Die reichen Schenkungen des hohen und niedrigen Adels von nah und fern sicherten dem Kloster einen Bestand, welchen die nachfolgende Sittenlosigkeit ihrer Bewohnerinnen und Feindesgewalt wieder zerstörte. 1301 plünderten die Schaaren Kaiser Albrechts das Kloster völlig aus und 1491 die Pfälzer. Dann besetzten die Rheingauer das Kloster gegen den Pfalzgrafen Philipp, brachen bei ihrem Abzuge die Nebengebäude ab und zerstörten die Mauern des Klosters unter dem Vorwande, daß es vom Feinde nicht zur Beschädigung Bingens benutzt werde. 1494 wurde es renovirt und reformirt; allein es verschwelgten die Nonnen selbst den Rest der Klostereinkünfte außerhalb ihrer Zellen. Da gaben es 1632 die Schweden völlig den Flammen Preis, und seine letzten Bewohnerinnen flüchteten mit den Reliquien nach dem Kloster Eibingen, dessen Kirche die Gebeine der heil. Hildegardes noch heute verwahrt.

Die Höhe des Rupertsberges bietet zwar eine prachtvolle Aussicht über den Rheingau und einen Theil des Nahgaues dar; allein herrlicher und großartiger ist das Bild, welches sich auf der nahen Bergspitze der Elisenhöhe dem Auge darstellt. Hinab eilt der Blick zu den tobenden Fluthen des Bingerlochs, vor welchem das weiße Gestein des Mäusethurms grauenerregend wacht; dann erhebt er sich drüben zu den Resten des Ehrenfels auf vorspringendem Felsstück in einem Gürtel von Reben und steigt aufwärts zum eichengekrönten Berggipfel des Niederwaldes. Rechtshin schweift er über das Gebirge und seine Abdachungen, auf denen die kostbare Beere von Rüdesheim reift, gleitet dann über die beflaggte und von Dampfschiffen gepeitschte Stromfläche des

Rheins, an deſſen Ufer ſich zahlreiche Städte und Dörfer mit
reizenden Umgebungen ſchmiegen, und ruht endlich auf dem
nahen Bingen und ſeiner denkwürdigen Feſte. Dahin eilt
nun unſer Schritt, entweder vermittelſt eines Kahns, der
unfern des Bahnhofes über die Nahe trägt, oder über die
Druſusbrücke, auf den Fundamenten eines römiſchen
Baues von dem Erzbiſchof Willigis um 1000 errichtet und
aus franzöſiſcher Zerſtörung 1690 wieder hergeſtellt, jetzt die
Grenze zwiſchen Preußen und Heſſen = Darmſtadt.

Bingen iſt uralt. Aus einem celtiſchen Dorf ſchufen
die Römer eine Stadt, die Julian erweiterte und erſt die
Allemannen, dann die Normannen zerſtörten. Die geplün=
derten Einwohner ſiedelten ſich am Ende des neunten Jahr=
hunderts weiter unten am Rheine an, und dieſe dem Markt
und Handel ſo günſtige Lage erhob den neuen Ort ſchnell zu
einer nahrhaften Stadt, „Pinguia“ genannt. Das Erzſtift
Mainz bemächtigte ſich mit dem unteren Rheingau unter
kaiſerlicher Genehmigung auch Bingens; allein das Domka=
pitel wußte ſich bei ſtreitigen Wahlen zum erzbiſchöflichen
Stuhle die niedere Gerichtsbarkeit und Zollgerechtigkeit zuzu=
eignen und ließ ſie (um 1200) durch einen Vicedom verwalten.
Durch dieſen Zwieſpalt der Regierung ermuthigt, erhoben
auch die Bürger ihr Haupt, ſchufen ſich ein kräftiges Ge=
meinweſen und traten 1254 dem rheiniſchen Städtebund
bei. Durch Niederlaſſungen mehrerer lombardiſchen Handels=
familien aus Aſti in Piemont im vierzehnten Jahrhundert
erhielt auch der Handel der Stadt einen ungewöhnlichen
Schwung. Das Gefühl geſteigerter Macht und Wohlhaben=
heit verleitete inzwiſchen die Bürger zu kecker That und Em=

pörung. So entstand 1321 ein heftiger Aufruhr, weil ein Fleischer den Hund eines Fischers geschlagen hatte. Der Fleischer wurde vom Rath in den Thurm geworfen und befreit, worüber ein solcher Kampf in den Straßen entstand, daß Viele verwundet und Mehrere, darunter zwei Rathsherren, erschlagen wurden. Die Rädelsführer mußten schwer büßen. — 1350 überfielen sie des Nachts des Erzstifts Verweser, Kuno von Falkenstein, im Schlosse Klopp und verlangten dessen Uebergabe. Der nackte Prälat versprach's, entwischte zum Fenster hinaus nach Ehrenfels und kehrte mit einer auserlesenen Schaar zurück, womit er die Aufrührer zerstreute, Viele gefangen nahm und Mehrere des Landes verwies. Der Orleans'sche Erbfolgekrieg zerstörte der Stadt Blüthe wieder. Von 1797—1816 ging sie mit dem linken Rheinufer an Frankreich über; 1816 wurde sie hessischer Kantonsort und zählt wieder 5600 Einwohner. Die denselben vorzüglich eigene Betriebsamkeit im Erwerben, die vielen Fremden, welche besonders in den Sommermonaten in Bingen zusammenströmen, die zahlreich besuchten Märkte der handeltreibenden Stadt, die Menge hier anhaltender Dampf- und Segelschiffe und das Treiben um den Bahnhof der hessischen Ludwigsbahn geben der Stadt allezeit das Ansehen eines außerordentlich regsamen Lebens. In der Pfarrkirche zeigt man einen Taufstein aus der Karolinger Zeit. Dechant daran war im siebenzehnten Jahrhundert der durch seine Visionen und Auslegung der Apocalypse renommirte Barth. Holzhauser († 1758).

Ehemals wurde die Stadt beherrscht von einer noch in der Zerstörung großartigen Burg, östlich über ihr auf einer Anhöhe gelegen und seit 1301 „das unüberwindliche

Haus Klopp" genannt. Allein sie war schon ein römisches Kastell, von Drusus erbaut, nach ihrer Zerstörung
wieder aufgebaut worden, und erscheint hierauf urkundlich
stets als „mainzische Hauptlandburg" mit Burggrafen und
Burgmannen. 1105 sah sie die Schmach des vom Sohne
zuerst dahin geschleppten Kaisers Heinrich IV. 1301 widerstand sie im Zollkriege dem Sturm Kaiser Albrecht's I., aber
ein Jahr darauf übergab sie der gedemüthigte Erzbischof Gerhard III. selbst dem Kaiser. Erst durch Kaiser Heinrich VII.
kam sie an Kurmainz zurück. 1639 fiel sie Bernhard von
Weimar, 1640 wieder den Kaiserlichen und Mainzern und
1644 den Franzosen in die Hände. Letztere sprengten sie
1689 in die Luft. Seitdem liegt sie in Trümmern; aber den
Bezirk ringsum hat der Besitzer mit freundlichen Anlagen
ausgestattet. Eine prachtvolle Aussicht entzückt oben das in
den Rhein = und Nahegau blickende Auge.

Von da können wir über den Bergrücken zur Rochuskapelle emporsteigen. Wohl lohnt sich jederzeit die kurze
Wanderung durch die freie Aussicht über Bildesheim, dem
am Bergabhange die Scharlachbeere reift, in den großen, von
Bergen umschlossenen Thalkessel, in dessen Hintergrund sich
Kreuznach drängt, und von der anderen Seite über des
Rheins gesegnete Fluren und Berge nach dem stolzen Johann-
nisberg zu den Kuppen des Taunus; allein wem es vergönnt ist, diesen Ausflug zur Zeit der reifenden Traube
an des St. Rochus heiterem Festtage zu machen, der
schließe sich an die vielen Tausende von Wallfahrenden
an, die dann von Bingen aus zur Kapelle ziehen, nicht
allein um ihre Andacht zu verrichten, sondern zugleich,

um in fröhlicher Traulichkeit einen genußreichen Tag zu verleben.

(In Bingen: Hôtel Victoria, Weißes Roß, Belle vue u. s. w.)

16. Schloß Rheinstein, der Mäusethurm, Ruine Ehrenfels, Aßmannshausen, Aulhausen, Mariähausen, der Niederwald, Rüdesheim, Geisenheim, Eibingen, Rothgottes, Marienthal, Winkel, Vollraths, Johannisberg. (1 Tag.)

Rheinstein, der Niederwald, Rüdesheim.

Nach dem Schloße Rheinstein fährt man entweder zu Wagen von Bingen aus über die Drususbrücke und den Rhein entlang in drei Viertelstunden, oder man vertraut sich daselbst einem Nachen an und macht die Parthie zu Wasser, wobei man dem Mäusethurm einen Besuch ab= statten kann. Dies verfallene Gemäuer im strudelnden Rhein, jetzt den Schiffern ein Signal, war eine Mauth= oder Zollstätte, zuerst mit Stein= und Pfeilschützen, später mit Muserie d. i. Geschütz (von Maus oder Muse, woher Muskete) besetzt, um die vorbeifahrenden Schiffe zur Er= legung eines Rheinzolles zu zwingen. Die Franzosen spreng= ten 1689 den Thurm in die Luft. Es knüpft sich daran eine schauerliche Sage: Im zehnten Jahrhundert zu Kaiser Otto's Zeiten saß auf dem erzbischöflichen Stuhle zu Mainz ein herrschsüchtiger Prälat, Hatto, welcher Klopp und Ehrenfels erbaute und Bingen mit einer Mauer umgab, angeblich gegen Feinde von Außen, in der That aber, um die freiheitliebende Stadt, die er heftig drückte, besser im

Zaume halten zu können. Die empörten Bürger schlugen ihn indessen zur Stadt hinaus, so daß er sich auf den Ehrenfels retten mußte. Da kam der Kaiser, des Erzbischofs Freund, mit einem großen Heere und umschloß die Stadt, worin bald eine große Hungersnoth entstand. In dieser Noth stürmten die Bürger des Erzbischofs Frucht= speicher, und seine Scheunen füllten sich mit einer Menge Unglücklicher, welche ihren Heißhunger an rohem Getreide stillten. Rachebrütend ließ der Erzbischof Feuer in die Ge= bäude werfen und rief spottend, als er das Jammergeschrei der in der Flamme Erstickenden vernahm: „Hört doch, wie die Kornmäuse pfeifen!" Auf solchen gräßlichen Hohn traf ihn des Vergelters Gerechtigkeit. Aus dem brennenden Ge= bäude und allenthalben her stürzten Schaaren von Mäusen und Ratten, verfolgten ihn auf allen Tritten und Wegen, durchschwammen, als er sich auf einen mitten im Rheine erbau= ten Thurm rettete, furchtlos die wilden Fluthen und nagten ihn bis zu den Knochen in dem Bette auf, welches er mit Ketten von der Wand herab befestigt hatte.

Am Thurm vorbei braust der Strom in rascheren Wir= beln, ehemals der Schifffahrt gefährlich; aber durch Preußens Fürsorge sind die Klippen im Flußbette des Bingerlochs für eine breite Wasserstraße gesprengt worden, wie ein Denkmal an der Chaussée aus Rheinblöcken bezeugt.

Dem Bingerloch gegenüber in dem gesegneten Rüdes= heimer Berg liegen die malerischen Ruinen des Ehren= fels, am Anfange des dreizehnten Jahrhunderts vom rhein= gauischen Vizdum Philipp von Boland erbaut und für die darauf verwandten eigenen Kosten zeitlebens besessen. Als in der Folge Erzbischof Gerhard II. von Mainz hier einen drückenden Rheinzoll anlegte, überzog ihn König Albrecht (1301) mit Krieg und zwang ihn, dem Zoll zu entsagen und ihm die Burg zu übergeben. Allein sein Nachfolger Peter wußte sich (1310) Zoll und Burg wieder zu verschaffen, und das Erzstift vergabte den ersteren theilweise als Lehen (von 1411—1547) an die Grafen von Sarwerden und ihre Erben, die Grafen von Nassau=Saarbrücken. 1354 erhielt der Erzstiftsverweser Kuno von Falkenstein beim Nieder= legen dieser Stelle die Burg sammt Lorch, Lorchhausen und Aßmannshausen nutznießlich; aber Erzbischof Gerlach ver= trieb ihn daraus (1356) und erhob sie zum Hoflager und Zufluchtsort für des Domkapitels und Erzstifts Kleinodien und Schätze in unruhigen Zeiten. Dort wählte auch (1419) das ganze Domkapitel Konrad III. zum Erzbischof von Mainz. Im dreißigjährigen Kriege (1631) zwang sie der schwedische Oberst Hohendorf durch Hunger zur Uebergabe und hinter= ließ sie beim Abzuge schon arg beschädigt. 1689 zerstörten sie die Franzosen vollends.

Burg Rheinstein, zu welcher vom Ufer aus ein bequemer Burgweg über eine schwere Zugbrücke führt, ist ein Sommersitz des Prinzen Friedrich von Preußen, dessen Kunstsinn auf den Trümmern einer zerstörten Feste zuerst ein allerliebstes Schlößchen in mittelalterlichem Stile am Rheine schuf und mit vielen sehenswerthen Alterthümern ausstattete, die ein Kastellan zeigt. Wir setzen von da über den Rhein, an dessen Ufer stromabwärts links die von der Prinzessin Friedrich wiederhergestellte Clemenskirche liegt, der Ruine Falkenberg gegenüber, und gelangen nach Aßmannshausen auf nassauischem Boden, dessen Rothwein sich dem besten Bordeaux zur Seite stellt und ihn an Feuer übertrifft. (Anker, Krone.)

Zum Niederwald wählt man entweder den bequemeren längeren Fahrweg über Aulhausen, oder den steileren und kürzeren Fußweg bergan, beide entweder zu Pferd oder zu Esel oder zu Fuß (¾ St.). Jener Ort erhielt seinen Namen von den „Ullnern", oder Häfnern, die hier wohnten und nach einer Urkunde von 1623 das liegende Holz im Kammerforst zu ihrer Profession benutzen durften, dagegen von jedem Rade den Brömsern von Rüdesheim eine Mark geben mußten, was Mainzer Lehn war. Ein dort befindliches Kloster, auch Mariähausen genannt, bestand schon vor 1180, weil damals das Kloster Kumb in der Pfalz von hier seine erste Bevölkerung erhielt. Es war ein adeliges Frauenstift vom Cisterzienserorden, dessen Vogtei (1189) Giselbert von Rüdesheim freiwillig niederlegte. Obgleich Erzbischof Siegfried von Mainz es (1219) auf's Neue mit einer Schenkung von sechszig Morgen Waldes im Kammerforst bedachte, herrschte doch seit 1262 stets Mangel und Dürftigkeit in ihm, und es vegetirte nur fort bis zur neuesten Zeit.

Die Sehenswürdigkeiten des Niederwaldes sind der Lage nach: die Rossel, die Zauberhöhle, das Jagdschloß, die Eremitage und der Tempel.

Gewöhnlich nimmt man zum Ausgangspunkt das Jagdschloß, weil es eine trefflich eingerichtete Wirthschaft enthält und einen dienstbaren Geist zum Oeffnen der geschlossenen Zauberhöhle und Rossel mitgibt. Die Zauberhöhle

ift ein dunkler Bau, in den ein gemauerter Gang führt
und durch das Oeffnen eines Fensterladens plötzlich das
Licht eindringt. Das anfänglich geblendete Auge sieht mit
einem Male die ganze Herrlichkeit des Rheingaus vor sich
und wird trunken von der Mannigfaltigkeit der vor ihm
ausgebreiteten Schönheiten der Natur. Die Roffel, ein
Thurmbau, gewährt eine prächtige Aussicht auf die schäu=
menden Wellen des Bingerlochs, dann über die linksrheini=
schen gesegneten Gauen von Mainz bis in die Wälder des
Hunsrückens. Die Eremitage ist ein aus unbehauenen
Baumstämmen gefügtes Zimmer, von deffen Vorsprung
man weithin die Gallerie der Prachtbilder erblickt, die schon
öfters vor unseren Augen vorübergegangen sind; aber mit
Luft verweilen sie hier immer noch auf Bingen mit seinen
reizenden Umgebungen auf beiden Seiten der Nahe und
auf der herrlichen Landschaft, worin Kreuznach versteckt
liegt. Der Tempel ist nur ein einfacher runder Säu=
lenbau, öffnet jedoch rheinaufwärts einen freieren Blick über
die Bergabbachung nach den beiden Ufer des Stroms und
all den vielen zerstreuten Städten und Dörfern, deren
Thürme theilweise die köstlichsten Rebenhügel des Rhein=
gaues überragen, bis zum Feldberg und Altkönig hin, die
ihre riesigen Häupter hoch in die Wolken erheben.

Bergab geht's nach Rüdesheim, ob seines kostbaren
Weines in aller Welt gerühmt, ehemals kurmainzisch und
der Stammsitz des reichsten und ausgebreitetsten Ritterge=
schlechts im Rheingau, der von Rüdesheim. In sieben
Aeste waren sie getheilt: die von Rüdesheim schlechthin,
welche 1548 erloschen; Fuchs von Rüdesheim, schon 1378

ausgestorben; Kind von Rüdesheim, 1387 ausgegangen;
de Domo von Rüdesheim, erscheint 1276; de Foro von Rüdes=
heim, kommt 1219 vor; Winter von Rüdesheim, urkundlich von
1333—1350; Brömser von Rüdesheim von 1354—1668,
wo es von den v. Bettendorf und v. Metternich beerbt wurde.
Darum waren auch hier viele Burgen und Burgsitze, als:

Die Niederburg, fälschlich Brömserburg genannt,
die eigentliche Stammburg der v. Rüdesheim, die sie seit
uralter Zeit als Allodium besaßen. Wegen Friedensbruches
und Raubs mit dem Erzstift Mainz verfeindet, mußten sie
1282 diesem die Burg zu Lehn auftragen, als Erbburg=
männer die Burghut übernehmen, auf ihre übrigen Burg=
lehen verzichten und eidlich geloben, von der Burg aus
weder die Kirche von Mainz mehr zu befehden, noch die
Straßen zu beunruhigen. Erblich gelangte sie erst an die
Brömser von Rüdesheim, dann (1668), theilweise schon
als Ruine, an die v. Metternich. 1812 kaufte der Graf
v. Ingelheim den gewaltigen Steinwürfel, ließ ihn im
Innern in antikem Geschmack wieder herrichten und oben
auf ihm ein Gärtchen anlegen, worin man eine liebliche
Aussicht auf den Rheingau hat.

Die obere Boosen= oder Mittelburg, unmit=
telbar an der vorigen, besteht aus zwei an Alter sehr ver=
schiedenen Theilen, wovon der ältere ein viereckiger, unten
breiter, oben spitz zulaufender, einem stumpfen Obelisken
ähnlicher Thurm, der andere neueren, jedoch gothischen
Geschmacks und theilweise noch bewohnbar ist. Sie kommt
schon 1276 vor, war Lehn der Grafen von Zweibrücken,
und kam von den Fuchs von Rüdesheim an die Boose von

Walbeck (1544), die sie in neuester Zeit an den Grafen von Schönborn verkauften.

Die Vorderburg, mitten in der Stadt gelegen, wovon nur noch ein Thurm übrig ist, war ein Allodium der de Domo von Rüdesheim.

Die Brömserburg, vermuthlich am Anfange des fünfzehnten Jahrhunderts von den Brömser von Rüdesheim erbaut, kam nach deren Erlöschen an die v. Bettendorf, 1770 an die v. Erthal und v. Frankenstein, und von den ersteren an die Grafen v. Coudenhofen. An diese Burg knüpft der Dichter Simrock die Sage:

Hans von Brömser gelobte in harter Gefangenschaft dem Herrn, wenn er ihn befreie, ein Kloster zum Dank und seine Tochter Gisela als Büßerin für seine Sünden. Hans glückte die Flucht, und er baute das Kloster; allein Gisela vermochte nicht, eine irdische Liebe der überirdischen zu opfern, stürzte sich in der Verzweiflung in die Fluthen des Rheins und ertrank. Bei ihrer Leiche bereute der Vater zu spät sein thörichtes Gelübde.

(Gasthöfe: Darmstädter Hof; Rheinstein rc. Restauration und Conditorei am Adlerthurm mit prächtiger Rheinaussicht von demselben. [Scholl].)

Geisenheim, Winkel, Johannisberg.

Von Rüdesheim führt eine Chaussée in einer halben Stunde und die Rhein = Lahnbahn (Bahnhof eine Viertelstunde unterhalb der Stadt) in fünf Minuten nach Geisenheim, uralt. Denn es erscheint schon in den Urkunden des achten Jahrhunderts, hauptsächlich als Sitz des mächti-

gen Angilofing=welfischen Hauses; auch die Rheingrafen
hatten hier einen Zoll. Im dreizehnten Jahrhundert schon
hatte es ein eigenes Centgericht von sieben Schöffen, wel=
chem Erzbischof Gerlach von Mainz gestattete, sich mit
Mauern, Thürmen und Gräben zu verwahren. Jetzt zeichnet
sich der Ort durch die schönen Häuser und Landsitze des
Grafen von Ingelheim, des Herrn von Zwierlein, worin
eine ansehnliche Sammlung von Glasmalereien aufgestellt
ist, von Gontard, Lade's ꝛc. aus. v. Zwierleins Gattin
ist die Dichterin Adelheid v. Stolterfoth. Auch ist da noch
das Gräflich=Schönbornische Haus, einst der Lieblingsauf=
enthalt des Kurfürsten Johann Philipp von Mainz. Die
Pfarrkirche, 1146 vom Erzbischof Philipp dem Domkapitel
in Mainz geschenkt, ist durch die Erbauung zweier neuer
Thürme und eines Portals in altem Style eine Zierde des
Ortes geworden.

Seitwärts zwischen Rüdesheim und Geisenheim liegen:

Eibingen, vor Alters ein ansehnlicher Ort, der
schon im neunten Jahrhundert bestand und bis 1527 sein
eigenes Centgericht hatte. Seine Pfarrkirche, 1226 dem
gleichnamigen Kloster einverleibt, galt von jeher als Be=
sitzerin vieler renommirten Reliquien, wie der Gebeine der
heil. Hildegardis, eines mit Malereien verzierten Gebet=
buches nebst einem Ringe mit der Inschrift: „Ich leide
gern," welche der Abt Bernhard von Clairvaux bei einem
Besuche jener frommen Seherin schenkte ꝛc.

Rothgottes (Agonia Domini), ehemaliges Kloster,
in einem stillen kleinen Wiesengrunde gelegen. Zu Ehren
eines bei dem Brömser'schen Hofe Plizholz aufgefundenen

hölzernen Bilde des Heilandes soll hier anfangs eine Kreuz-
kapelle und dann, als das Bild begann Wunder zu thun,
eine Kirche erbaut worden sein, welche 1390 eingeweiht
wurde. Ueber 230 Jahre stand diese Kirche, als Joh. Reinhard Brömser von Rüdesheim an derselben (1622) ein
Kapuzinerkloster errichtete, dem er seinen Hof Plixholz
schenkte. Das Kloster kam 1803 an Nassau, wurde 1813
von diesem aufgehoben und 1814 an den Herrn v. Zwierlein verkauft, der es noch besitzt.

Marienthal, ehemaliges Kloster in dem Wiesenthale
des Klingelbachs gelegen. Auch zu seiner Entstehung gab
ein wunderthätiges Bild (der heiligen Jungfrau) bei dem
adeligen Hofe Düppenhausen Veranlassung. Des Hofes
Besitzer Hans Schaffrait von Oppelsheim ließ 1313 eine
Kapelle um dasselbe bauen, und, als die Zahl der dahin
wallfahrenden Pilger immer mehr wuchs, dieselbe 1326 zu
einer Kirche mit vier Priestern und einem Probste erweitern,
der er seinen Hof schenkte. 1330 von dem Mainzer Stifts-
verweser Balduin eingeweiht, erhielt sie 1361 durch Konrad
v. Geisenheim einen päpstlichen Ablaßbrief, ging aber 1464,
als die damaligen Lehnsherren des Ortes, die von Rüdesheim, sie den Kogelherren übergaben, zu Grunde. Diese
hielten seitdem hier ein Generalkapitel und legten eine
Druckerei an; aber auch diese löste sich im sechszehnten
Jahrhundert auf, und an ihre Stelle trat eine Mission
aus der Kanonie der regulirten Chorherren zu Pfaffen-
schwabenheim in Form eines Priorats. Diese hob 1585
Kurmainz auf und zog die Besitzung ein. 1612 kam sie an
die Jesuiten; 1773 an den Schulfond zu Mainz, 1803 an

Naſſau, von welchem ſie Herr v. Geiſa kaufte. Die alten
Kloſtergebäube brannten 1624 ab, die Kirche wurde 1774
abgedeckt und ſo das Ganze nur noch ein Mauerwerk. Mit
der jüngſt entſtandenen neuen Kirche iſt auch die alte Wall=
fahrt wieder aufgetaucht.

Die nächſte Station von Geiſenheim iſt Winkel (Vini
cella), welchem römiſcher Urſprung beigelegt wird. Sein
Name Vini cella (Weinkeller) wurde ihm mit Mittelheim
und Oeſtrich, womit es 1468 noch ein Centgericht hatte,
gemeinſchaftlich beigelegt. Schon um 850 erkor ſich der
Erzbiſchof Raban den Ort zu ſeiner Reſidenz und beſchloß
darin ſein Leben, nachdem er hier ein Bethaus, die nach=
herige Pfarrkirche, erbaut hatte. Das Patronat derſelben
nebſt dem Zehnten beſaßen die Rheingrafen bis 1218, da
ſie es der Abtei Johannisberg übertrugen. Von dieſer ging
es als Lehn an die v. Greifenclau über. Dieſe ſtammten
von dem anſehnlichen Rittergeſchlecht v. Winkel, welches
hier ſeinen Burgſitz hatte. — Bei Winkel links ab liegt
Vollraths, die einzige aller rheingauiſchen Ritterburgen,
die ſich bis jetzt erhalten hat. Sie iſt ohne Zweifel von
den v. Greifenclau in der Mitte des vierzehnten Jahrhun=
derts erbaut, als dieſelben, ihren alten Burgſitz in Winkel
verlaſſend, ſich hier eine feſtere Wohnung ſchufen. Denn
1349 tritt ein Friedrich von Volrabes urkundlich auf, wel=
cher 1362 wieder als Friedrich Greifenkla von Folraz
erſcheint.

Nach dem Johannisberg eilen wir von Geiſenheim
ober von Winkel (Stationen) zu Wagen ober zu Fuß
($^1/_2$ St.); denn wer in aller Welt kännte nicht den Johan-

nisberger, diesen perlenden Nectar des Rheins. Auf dem Gipfel des Berges stand ehemals ein Kloster. Um 1090 übergab nämlich der Erzbischof Ruthard in Mainz dem dortigen Albansstifte den Bischofsberg b. i Johannisberg im Rheingau, um darauf ein Benedictinerkloster einzurichten. Der Rheingraf Richolf und seine Gemahlin Dankmud nahmen an dieser Stiftung so warmen Antheil, daß sie nicht nur einen großen Theil ihrer Besitzungen hergaben, sondern auch ihren Sohn Ludwig zu einem Mönche und ihre Tochter Wertrud zu einer Nonne für dasselbe bestimmten. 1130 erhob der Erzbischof Adelbert die dem Albansstifte untergeordnete Probstei zu einer selbstständigen Abtei. In der Folge wurde das Nonnenkloster getrennt und in das Thal versetzt, wo es unter dem Namen der Klause oder St. Georgenklause bis 1452 fortbestand, dann aber wegen der unter den adeligen Nonnen aufgelösten Zucht aufgehoben wurde. Die Güter wurden der Abtei Johannisberg einverleibt und die widerstrebenden Nonnen mit Gewalt vertrieben. Doch auch in der Abtei herrschte schon seit dem vierzehnten Jahrhundert Unordnung und Verwilderung und in Folge davon Verarmung. Erzbischof Diether sorgte zwar (1452) für bessere Zucht und Ordnung; allein dies half nur kurze Zeit. Der Bauernkrieg schlug ihr (1525) unheilbare Wunden, und Albrecht von Brandenburg legte sie (1552) in Asche. 1563 wurde der letzte Abt abgesetzt und die Mönche verliefen sich, worauf Kurmainz sie einzog, erst verpfändete, dann an die Abtei Fulda verpfändete. Der Fürstabt Adelbert († 1759) baute an der Stelle, wo das Kloster gestanden, ein Schloß, welches mit der ganzen Be

sißung (1803) an Oranien = Nassau, 1805 an Frankreich und
den Herzog v. Valmy (Kellermann), 1814 an Oesterreich und
lehnsweise an den Fürsten von Metternich überging, der es
1826 in den jeßigen Stand seßen ließ.   Die alte Klause
(Kapelle mit Hof) ging nach Aufhebung des Klosters an die
v. Schönborn über.   Das Dorf Johannisberg wurde
von Kolonisten des Klosters gegründet.   So weit die Ge=
schichte.

Großartiger ist die Aussicht vom Johannisberge.   Ueber
die Rebenpflanzungen, denen die kostbarste Weinbeere des
Rheins entwächst, sieht man vor sich die grünen Wellen des
Rheins mit seinen beschatteten Inseln und vorübereilenden
Dampf = und Segelschiffen, seine Ufer und die große Fläche
jenseits des Flusses mit Städten und stattlichen Flecken und
Dörfern besät, rechts das betriebsame Bingen mit einem Wald
von Segeln und allen seinen im Halbmonde darum ausge=
breiteten Schönheiten der Natur, links das majestätische
Mainz, des Oberrheins Metropole, mit seinem Dom, und
rings am Horizonte die dunkeln Häupter des Taunus, Oden=
waldes, Schwarzwaldes, Donnersberges mit seinen Aus=
läufern an der Nahe und des Hunsrückens bis zum
Idarkopf.

Der nächste Rückweg nach Kreuznach führt per Eisenbahn
über Geisenheim, Rüdesheim und Bingen; indessen läßt sich
durch Benußung eines Dampfschiffes von Geisenheim nach
Bingen die Fahrt nach Rüdesheim und die Ueberfahrt von da
nach Bingen per Nachen oder vom Bahnhofe unterhalb
Rüdesheims nach Bingerbrück per Dampffähre recht gut
umgehen.

17. Eisenbahnfahrt von Bingerbrück nach Neunkirchen.

Die Rhein=Naheeisenbahn, ein ebenso schwie=
riger und kostspieliger, als für die ganze Gegend und das ge=
sammte deutsche Eisenbahnnetz äußerst vortheilhafter Bau,
ist 16¼ Meilen lang, nimmt im Bahnhofe Bingerbrück
auf dem Rupertsberge an der Nahemündung in den Rhein
die Rheinische und die Hessische Ludwigsbahn, womit sie durch
eine Gitterbrücke verbunden ist, auf und mündet mit der
Ludwigshafen = Bexbacher Bahn zu Neunkirchen in den Saar=
brücker Bahnhof. Dreier Herren Länder durchschneidet sie:
von Bingerbrück bis Station Staubernheim Rheinpreußen,
von da bis Station Sobernheim Hessen=Homburg, von da
bis Station Oberstein Preußen, von da bis Heisterberg
(zwischen Nohfelden und St. Wendel) Oldenburg und von da
bis Neunkirchen wieder Preußen. Ihre Steigung von Binger=
brück (267 Fuß) bis zum höchsten Puncte Wallhausen (1225 F.)
beträgt 958 Fuß. Dabei zählt sie auf ihrer kurzen Linie nicht
weniger als fünfzehn Tunnels, über fünfzig theilweise künst=
liche Brücken und eine Menge von Einschnitten und Dämmen.

Wir besteigen im Bahnhofe Bingerbrück ein Coupé,
lassen links den Rupertsberg und die Drususbrücke (S. 239.
240), rechts Trutzbingen, Münster, Sarmsheim, Lauben=
heim, Station Langenlonsheim (S. 238), Bretzen=
heim (S. 196), gegenüber Planig und Bosenheim (S. 205),
die Rothe Lay (S. 11) und erreichen den Bahnhof im
Brückes vor Kreuznach. Ueber eine Gitterbrücke geht
der Zug weiter an der Heidenmauer (S. 90) vorüber, läßt
rechts Kreuznach (S. 7) unter dem Kauzenberg (S. 97) und
die Hardt, dann die Salinen Karls= und Theodorshalle

(S. 13. 160), während er unter der Gans und dem Rhein=
grafenstein (S. 196) dahin fliegt und über eine Gitterbrücke
zum Bahnhofe von Münster am Stein gelangt (S. 13).
Den Ort links lassend fährt er unter dem Rothenfels (S. 192)
hin Angesichts der Ebernburg (S. 167), hinter welcher Alten=
baumburg (S. 187) und der Lemberg (S. 190) hervorlugen,
durch den großen (768 F.) und kleinen (240 F.) Norheimer
Tunnel an Niederhausen und Burgbödelheim (S. 223) vorbei
nach der Station Walbböckelheim, dann durch den
Booser Tunnel (1363 F.) nach der Station Staudernheim
(Hessen=Homb.) mit dem Disibodenberg (S. 225). Von hier
gelangen wir über die nächste Station Sobernheim
(Preußen) nach der Station Monzingen, fahren an
Schloß Dhaun (S. 229) vorbei durch den Hellweger Tunnel
(600 F.) in den Bahnhof von Kirn mit der Kyrburg
(S. 229) und den anderen nahen Ruinen alter Schlösser, und
erreichen über Station Fischbach den Bahnhof von
Oberstein (Oldenb. S. 235). Schon vor der Einfahrt
mußten wir mehrere Brücken und den Gefallenen Felstunnel
passiren; aber von nun folgt hinter der Obersteiner Brücke
Tunnel auf Tunnel: der Hommericher (1263 F.), Enzweiler
(1593 F.), Hammersteiner (195 F.), Frauenberger (1296 F.),
dann hinter der Station Kronweiler der Kupferheck=
(708 F.), Bockspiel= (384 F.), Brämerich= (665 F.), und
hinter der Station Heimbach der Jährodt= (398 F.)
und Mäusemühlentunnel (461 F.). Jetzt wird der Bahn=
hof von Birkenfeld (eine halbe Stunde von der Stadt)
erreicht. Ueber die Station Türkismühle und die
Haltestelle Nohfelden fährt der Zug zur Wallhäuser

*

Höhe, dann an Heisterberg vorüber erst in den Bahnhof von St. Wendel, dann in den Bahnhof von Ottweiler. Hinter der Stadt empfängt uns nochmals, aber zum letzten Male auf der Fahrt, die Nacht eines Tunnels, des Weibelskirchener (996 F.); denn die nächste Station ist der Bahnhof von Neunkirchen.